大数据技术与应用探索

伦萍萍 著

图书在版编目（CIP）数据

大数据技术与应用探索 / 伦萍萍著. -- 哈尔滨：哈尔滨出版社，2024.7. -- ISBN 978-7-5484-8069-3

Ⅰ．TP274

中国国家版本馆 CIP 数据核字第 2024Z6V939 号

书　　名：**大数据技术与应用探索**
DASHUJU JISHU YU YINGYONG TANSUO

作　　者：伦萍萍　著
责任编辑：韩伟锋
封面设计：张　华
出版发行：哈尔滨出版社（Harbin Publishing House）
社　　址：哈尔滨市香坊区泰山路 82-9 号　邮编：150090
经　　销：全国新华书店
印　　刷：廊坊市广阳区九洲印刷厂
网　　址：www.hrbcbs.com
E－mail：hrbcbs@yeah.net
编辑版权热线：（0451）87900271　87900272
开　　本：787mm×1092mm　1/16　印张：14　字数：300 千字
版　　次：2024 年 7 月第 1 版
印　　次：2024 年 7 月第 1 次印刷
书　　号：ISBN 978-7-5484-8069-3
定　　价：76.00 元

凡购本社图书发现印装错误，请与本社印制部联系调换。

服务热线：（0451）87900279

前言

当今信息时代，随着互联网的飞速发展和社会的数字化转型，大数据技术逐渐成为科技领域的一颗耀眼明珠。大数据概念不仅指的是庞大的数据量，更是对这些数据进行深度挖掘、分析和应用的一种技术手段。大数据技术的兴起不仅为企业和组织提供了更加全面和精准的信息支持，也为社会的发展带来了全新的可能性。大数据技术的核心在于对海量数据的高效处理和分析。通过大数据技术，能够更好地理解复杂的现象和问题。过去，人们常常因为数据规模庞大而束手无策，但大数据技术的崛起为我们提供了一条通向未知的道路。大数据的产生来源于各行各业，包括社交媒体、物联网、金融交易等领域，这些数据的涌现提供了更为全面的视角，让我们能够更好地理解事物的本质和变化规律。

大数据技术已经深刻影响了商业、医疗、教育、科研等各个领域。在商业领域，企业通过大数据分析能够更好地了解市场需求，制定精准的营销策略；在医疗领域，大数据技术帮助医生更准确地诊断疾病，提高治疗效果；在教育领域，大数据分析有助于个性化教学，满足学生不同的学习需求。在科研领域大数据技术的发展也面临着一系列的挑战和问题。人们对于个人信息的保护日益关注，数据隐私和安全问题成为亟待解决的难题。数据质量和可信度也是制约大数据技术应用的重要因素，对于数据的采集、存储和处理需要更为严格的标准和监管。

大数据技术将继续引领科技的发展方向，其在人工智能、物联网、区块链等新兴领域的应用将会更加深入。我们也需要思考如何在推动技术发展的同时保障数据的合法、公正和安全使用，以确保大数据技术为社会带来更多的益处，更好地应对未来的挑战和机遇。

目 录

第一章 大数据概述与趋势分析 ································· 1
第一节 大数据的定义与特征 ································· 1
第二节 大数据发展历程与趋势 ······························· 5
第三节 大数据在不同领域的应用案例 ························· 9
第四节 大数据对社会和经济的影响与意义 ···················· 15

第二章 大数据采集与处理技术 ································ 22
第一节 数据采集与数据源多样性 ···························· 22
第二节 大数据存储与管理 ·································· 28
第三节 大数据清洗与预处理 ································ 35
第四节 大数据分析与计算技术 ······························ 40

第三章 大数据分析与挖掘方法 ································ 46
第一节 统计方法与数据分析 ································ 46
第二节 机器学习与深度学习在大数据中的应用 ················ 51
第三节 大数据挖掘算法与工具 ······························ 57
第四节 文本挖掘与情感分析 ································ 61

第四章 大数据可视化与展示 ·································· 66
第一节 大数据可视化概述 ·································· 66
第二节 可视化工具与技术 ·································· 71
第三节 可视化在决策支持中的应用 ·························· 75
第四节 交互式可视化与用户体验 ···························· 80

第五章 大数据安全与隐私保护 ································ 86
第一节 大数据安全威胁与风险 ······························ 86
第二节 大数据安全技术与策略 ······························ 93

  第三节 隐私保护与数据伦理 …………………………………… 97
  第四节 法律法规与大数据隐私合规 ………………………… 103

第六章 大数据在商业与市场中的应用 ……………………………… 110
  第一节 大数据驱动的市场分析 ……………………………… 110
  第二节 客户关系管理与大数据 ……………………………… 116
  第三节 大数据在市场营销中的应用 ………………………… 121
  第四节 电子商务与大数据分析 ……………………………… 126

第七章 大数据在医疗与健康领域的应用 …………………………… 132
  第一节 医疗大数据的概念与特点 …………………………… 132
  第二节 大数据在临床医学中的应用 ………………………… 138
  第三节 健康管理与远程监测 ………………………………… 143
  第四节 大数据在医疗决策支持中的应用 …………………… 149

第八章 大数据在智慧城市建设中的应用 …………………………… 155
  第一节 智慧城市与大数据 …………………………………… 155
  第二节 大数据在城市规划与交通管理中的应用 …………… 160
  第三节 智能能源与环境监测 ………………………………… 166
  第四节 大数据在城市安全与治理中的作用 ………………… 173

第九章 大数据伦理与社会影响 ………………………………………… 178
  第一节 大数据伦理问题与挑战 ……………………………… 178
  第二节 大数据对社会结构和文化的影响 …………………… 182
  第三节 大数据与就业市场 …………………………………… 187
  第四节 大数据的未来社会发展趋势 ………………………… 192

第十章 大数据技术研究前沿与展望 …………………………………… 196
  第一节 大数据技术创新与研究趋势 ………………………… 196
  第二节 边缘计算与大数据 …………………………………… 202
  第三节 量子计算与大数据分析 ……………………………… 206
  第四节 大数据在科学研究中的应用与前景 ………………… 209

参考文献 ………………………………………………………………………… 216

第一章　大数据概述与趋势分析

第一节　大数据的定义与特征

一、大数据基础概念

（一）大数据概念

1. 大数据的定义

大数据是指由传感器、日志文件、社交媒体等来源生成的庞大、复杂、多样的数据集合。这种数据具有高速生成、多样性、大容量和无结构的特点。大数据时代，数据的价值得以挖掘，从而推动了科技、商业和社会的发展。

大数据的规模庞大，超过了传统数据库管理系统所能处理的能力。这种数据量的增加主要源自互联网的发展、物联网设备的普及以及传感器技术的进步。这些数据既包括结构化数据，如数据库表格中的信息，也包括非结构化数据，如文本、图片和视频等。由于大数据规模庞大，传统的数据处理和分析方法已经不能满足实时性和效率的需求，因此新的数据处理技术和算法应运而生。大数据产生速度非常迅猛。社交媒体、在线交易、传感器和其他数字化渠道每时每刻都在不断产生数据，要求数据处理系统能够实时地捕捉、存储和分析这些快速产生的信息。

2. 大数据在技术上的发展

高速数据处理技术的发展使得企业和科研机构能够更加及时做出和调整策略。大数据的形式和类型非常多样化。传统的数据库主要处理结构化数据，而大数据则包括了结构化、半结构化和非结构化的几种形式。结构化数据是一种全性和完整性。

　　大数据不仅仅是数量庞大的数据集合，更是一种多样性、高速度、低价值密度、不确定性的数据。要处理大数据，需要借助分布式计算、高效存储、数据挖掘与机器学习等技术要素，同时注重数据的采集、传输和安全性。这些技术要素的不断创新与进步，将进一步推动大数据技术的发展和应用。

（二）大数据应用领域

　　大数据应用广泛涉及各个领域，其强大的分析和处理能力为多个行业带来了深远影响。

　　1. 商业领域

　　在商业领域，大数据应用主要体现在市场营销和业务决策方面。通过对大量客户数据的深入挖掘，企业能够更准确地了解市场需求，制定更有针对性的营销策略，并在决策过程中更加客观全面地考虑各种因素，有助于企业更好地把握市场动态，提高市场竞争力。

　　2. 金融领域

　　在金融领域，大数据应用主要体现在风险管理、反欺诈和个性化服务等方面。通过对大量交易数据和客户信息的分析，金融机构能够更准确地评估风险，及时发现异常交易和欺诈行为，并为客户提供更符合其需求的个性化金融服务。大数据的应用使得金融行业更加智能和安全，有效维护了金融市场的稳定和公正。

　　3. 医疗领域

　　在医疗领域，大数据应用主要集中在疾病预测、诊断和治疗方面。通过对患者的基因数据、临床记录和医疗图像等多源数据的整合分析，医疗机构可以更精准地预测患者的疾病风险，提高诊断的准确性，并为患者提供个性化的治疗方案。大数据在医疗领域的应用不仅加速了疾病的研究和治疗进程，也为患者提供了更优质的医疗服务。

　　4. 教育领域

　　在教育领域，大数据应用主要涉及学习分析、教学评估和教育决策等方面。通过对学生学习数据的分析，教育机构可以更好地了解学生的学习习惯和能力，制订更科学的教学计划，并为学生提供个性化的学习体验。大数据的应用有助于提高教育质量，促进教育资源的合理分配，推动教育改革的深入发展。

第二节 大数据发展历程与趋势

一、大数据的发展起源

大数据的发展起源于信息时代的兴起。信息时代以互联网技术为核心，使得全球范围内的信息交流变得更加容易和迅速。互联网的发展催生了大量的数字信息，从而推动了大数据概念的逐渐形成和发展。

（一）20世纪90年代初至现代

1.20世纪90年代初

在20世纪90年代初，随着互联网的快速普及，人们开始意识到传统的数据处理方法已经不能满足日益增长的数据需求。传统数据库系统在处理大规模数据时表现出效率低下的问题，这促使学者和工程师寻求新的数据处理方式。这一时期，大数据的概念开始萌芽，人们逐渐认识到需要一种更加高效、灵活和可扩展的数据处理模式。

2.2000年代初至现代

2000年代初，云计算的兴起为大数据的发展提供了重要支持。云计算技术使得大规模数据的存储和处理变得更加容易和经济实惠。大数据分析平台的建立成为可能，企业和研究机构可以更加方便地利用云计算资源进行大规模数据分析和挖掘。分布式计算框架的出现，如Google的MapReduce和Apache的Hadoop，为大数据的高效处理提供了技术基础。随着社交媒体、移动设备和物联网技术的飞速发展，数据的产生速度呈指数级增长。

这种海量的数据涌入云端存储和处理平台，进一步推动了大数据技术的创新和演进。大数据不仅是一种处理技术，更成为一种全新的数据管理和利用模式，重新定义了人们对信息和知识的理解和应用。大数据的发展还受益于计算能力的提升。随着硬件性能的不断提高，特别是图形处理单元（GPU）等硬件设备的广泛应用，大数据处理任务的速度和效率得到了显著提升。这使得更加复杂的算法和模型可以在更短的时间内完成，为大数据分析提供了更多可能性。

大数据的应用场景也在不断拓展。金融、医疗、零售等各个行业都逐渐认识到大数据的价值。通过对大数据的深度分析，可以发现潜在的商业机会、提高决策的准确性，并推动业务创新。政府部门也开始利用大数据进行城市管理、社会治理等方面的工作，以提高公共服务水平。

大数据的发展源于互联网时代的兴起，得益于云计算和分布式计算技术的发展，同时受益于硬件性能的提升。大数据不仅是一种技术手段，更是一种对信息时代数据管理和应用方式的全新思考。随着科技的不断创新和发展，大数据技术将继续演化，为人类社会的进步和创新作出更为重要的贡献。

（二）大数据技术的崛起与演进

大数据技术的崛起与演进是信息时代的产物，源于社会对于海量数据的不断涌现和对信息处理能力的需求。过去几十年来，信息技术的迅猛发展催生了大数据技术的兴起，这一技术从最初的概念到如今的广泛应用，经历了多个阶段的演进。

1. 大数据技术的崛起

在技术的崛起初期，大数据的概念并不明晰，更多地表现为对于庞大数据量的一种感知。随着计算机硬件和存储技术的不断进步，人们开始认识到传统数据库系统在处理海量数据时的局限性。这推动了大数据技术的崛起，企业和研究机构纷纷投入大量资源，试图找到一种更高效的方式来处理庞大的数据集合。这一时期主要集中在分布式计算和存储技术的研究上，以应对传统数据库系统面临的挑战。随着互联网的快速发展，社交媒体、在线交易等互联网应用的兴起，大量的非结构化数据涌入互联网，使得大数据技术的需求变得更加迫切。

此时，Hadoop等开源分布式计算框架的出现成为一个重要的里程碑。Hadoop的分布式文件系统（HDFS）和MapReduce编程模型为大数据处理提供了新的解决方案，大大提高了数据处理的效率和规模。

这一时期，大数据技术逐渐从理论研究走向实际应用，企业开始关注并投资于大数据技术的研发和应用。随着大数据应用的逐渐普及，数据处理的速度成为新的挑战。传统的批处理模型已经不能满足实时数据处理的需求。流式处理技术成为大数据技术演进的下一步。流式处理技术允许实时处理数据流，使得企业能够更迅速地响应和利用数据的变化。这一时期，流式处理框架如Apache Storm和Apache Flink崭露头角，为实时大数据处理提供了强有力支持。

2. 大数据技术的演进

随着大数据技术的不断发展，人工智能的崛起为大数据应用带来了新的契机。机器学习和深度学习等人工智能技术的蓬勃发展，使得大数据不仅是一种庞大的数据集，更是包含了对这些数据进行智能分析和挖掘的手段。大数据和人工智能的结合，使得企业能够更好地理解数据背后的模式和规律，为业务决策提供更准确的信息。这一时期，大数据技术从简单的数据处理工具演进为能够支持智能决策和预测的核心技术。随着大数据技术的演进，云计算的兴起进一步推动了大数据技术的发展。云计算提供了灵活的计算和存储资源，为企业提供了更便捷、高效的大数据处理平台。大数据处理不再受限于企业自身的硬件和网络条件，而是可以通过云服务进行弹性扩展，满足不同规模和需求的数据处理任务。随着量子计算、边缘计算等新兴技术的进步，大数据技术将面临更多的挑战和机遇。数据隐私和安全性等问题也将成为大数据技术发展的重要议题。只有通过不断创新和实践，大数据技术才能更好地适应未来社会的需求，为人类社会带来更多的创新和发展。

二、大数据应用领域的拓展与未来发展趋势

（一）大数据应用领域的拓展

大数据应用领域的拓展是信息时代发展的必然趋势。随着科技不断进步和社会经济的深度融合，大数据已经从最初的互联网行业延伸到几乎所有行业和领域，推动着各行各业的创新和变革。

1. 大数据不同领域的拓展

在金融领域，大数据应用得以深入。通过对海量金融数据的分析，可以更准确地评估风险，提高金融机构的决策效率。大数据技术也为金融科技（FinTech）的发展提供了有力支持，促使数字支付、在线贷款等创新服务的涌现。金融数据的深度挖掘和分析，有助于构建更健康、安全的金融体系，提供更多元化的金融产品和服务。

医疗领域是大数据应用的另一个重要领域。通过对医疗数据的大规模收集和分析，可以实现个性化医疗、精准医学的目标。大数据技术为医生提供了更全面、实时的患者数据，有助于提高医疗决策的准确性。大数据还支持药物研发、疾病预测和公共卫生管理等方面，为全球健康事业带来新的可能性。

在制造业领域，大数据应用正在推动智能制造的发展。通过在生产过程中采集和分析大量传感器数据，企业可以实现生产线的智能优化，提高生产效率和产品质量。大数据技术也为供应链管理提供了更高效的手段，实现了从生产到销售的全过程智能化管理。制造企业通过大数据的应用，能够更好地适应市场变化，提升竞争力。

2. 大数据管理方面的拓展

在城市管理方面，大数据的应用也变得越来越广泛。通过城市感知系统、智能交通系统等大数据技术，城市可以更好地监测和管理交通流量、资源利用、环境污染等方面的情况。这有助于提高城市运行的效率和可持续性，为居民提供更便捷、智能的城市生活。

大数据还在社交媒体、零售、能源等多个领域得到广泛应用。社交媒体通过用户行为数据的分析管理，提供个性化的服务和广告推荐。零售业通过大数据分析消费者购物行为，优化库存管理和供应链。能源行业通过智能电网、能源数据分析等手段，实现能源的高效利用和可持续发展。

大数据的应用领域正在不断拓展和深化。大数据技术的发展为各行各业带来了更多机遇和可能性。通过充分利用大数据，社会各个领域都能够实现更高效、智能和可持续发展，推动科技和社会的不断进步。

（二）大数据未来发展趋势

1. 发展趋势的特点

未来大数据的发展趋势将呈现多方面的特点。大数据技术将更加普及和深入，渗透到更多的行业和领域。大数据与人工智能的融合将成为主流，推动智能化决策和应用的发展。大数据技术在隐私保护、安全性、可解释性等方面的研究将成为重要方向。边缘计算和量子计算等新兴技术的崛起将为大数据提供新的可能性。随着大数据技术的不断成熟和发展，其在各个领域的应用将更加广泛。大数据将不仅局限于传统的商业、医疗、教育等领域，还将涉及城市管理、环境保护、文化创意等更多新兴领域。大数据的技术和理念将渗透到社会的方方面面，为人类解决更多的问题提供有力支持。

2. 未来发展的主流趋势

大数据与人工智能的结合将成为未来的主流趋势。通过机器学习和深度学习等技术，大数据能够更准确地挖掘数据中的模式和规律，实现智能化的决策和应用。人工智能的发展需要大量的数据支持，而大数据正是为其提供数据基础的关键。这种融合将推动智能化和自动化在各个领域广泛应用，为社会带来更多的便利和效益。同时，大数据技术对于隐私保护和安全性的重视将进一步增强。随着数据泄露和滥用的案例不断增多，人们对于个人隐私的关切日益加深。未来大数据技术的发展将更加注重建立健全隐私保护机制，确保数据的合法、安全、隐私的使用。大数据技术也需要在算法的可解释性和公正性方面进行更深入的研究，以确保决策的透明和公正。

边缘计算是未来大数据技术发展的另一大趋势。传统的大数据处理主要集中在中心化的数据中心，但随着物联网设备的普及和边缘计算技术的成熟，大数据处理将更加分布在边缘设备上。这种分布式的计算模式能够减少数据传输的延迟，提高数据处理的效率。特别是对于对实时性要求较高的应用场景，具有更大的优势。量子计算的发展也将为大数据技术提供全新的可能性。量子计算的并行计算能力远远超过传统计算机，有望在大数据处理和加密等方面发挥独特的作用。虽然目前量子计算技术仍处于早期阶段，但其潜在的影响和应用前景已经引起了广泛的关注和研究。

未来大数据技术的发展将呈现出更为广泛、深入、智能、安全的趋势。大数据将不断渗透到社会的方方面面，为人类社会带来更多的创新和变革。与人工智能、边缘计算和量子计算等新兴技术的结合将为大数据提供更为强大的支持，推动大数据技术迎来全新的发展阶段。在这个充满挑战和机遇的时代，大数据技术将继续发挥重要作用，引领信息时代的发展潮流。

第三节 大数据在不同领域的应用案例

一、企业应用与社交网络领域

（一）企业应用领域

1. 商业运营和管理

企业应用领域的大数据，是当今商业运营和管理的重要组成部分。企业通过收集、存储和分析大量的数据，能够更好地理解市场、优化业务流程、提高

5. 消费者体验的互动和参与

社交网络和大数据应用也在消费者体验的互动和参与方面发挥了关键作用。通过社交网络，用户可以方便地分享自己的购物心得、产品评价，与其他用户进行互动。这些用户生成的内容成为其他消费者的重要参考依据，影响着购物决策。大数据应用通过对这些社交数据的分析，可以更好地了解用户的需求和偏好，为企业提供改进产品和服务的方向。

社交网络与大数据应用的结合为消费者服务带来了前所未有的便利和个性化体验。通过对用户在社交网络上的行为和反馈进行深入分析，大数据应用为企业提供了更精准、实时的市场信息，为产品和服务的优化提供了有力支持。社交网络不再仅仅是信息传递的平台，更成为企业与消费者互动、合作的桥梁，推动了消费者服务模式的不断创新与进化。随着大数据技术的不断发展和社交网络的普及，这一趋势将愈发显著，为消费者服务领域带来更多的机遇和挑战。

二、医学与城市管理领域

（一）医疗与生命科学

医疗与生命科学领域的大数据应用在近年来逐渐成为推动医学科研和临床实践的重要引擎。

1. 医疗领域

大数据在医疗领域的应用远不止于提供庞大的数据存储空间，更是通过深度分析和挖掘数据中的信息，推动了疾病预测、个性化治疗、药物研发等方面的突破性进展。

大数据在基因组学研究中发挥了关键作用。通过大规模的基因数据收集和分析，科研人员能够更全面地了解基因与疾病之间的关联。大数据技术为研究人员提供了强大的工具，使得在人类基因组项目等大规模研究中，可以有效挖掘与健康和疾病相关的基因信息。这种深度的基因数据分析有助于解码疾病的遗传基础，为个性化医疗提供基础支持。

临床大数据的应用对医学诊断和治疗起到了革命性作用。通过对患者临床记录、影像数据、实验室检测数据等多源数据的整合分析，医生可以更全面、准确地判断患者的病情。这为医生提供了更好的决策支持，帮助他们更科学地选择治疗方案。大数据分析还有助于发现潜在的疾病模式和趋势，提高疾病的早期诊断率。

在个性化医疗方面，大数据技术也发挥了关键作用。通过分析患者的基因信息、临床数据和生活方式等多维度信息，医生可以制定更为个性化的治疗方案。个性化医疗的核心思想是因材施教。通过更精准的诊断和治疗，提高疗效，减少不良反应。大数据的应用使得个性化医疗不再停留在理论层面，而是逐渐成为临床实践的一部分。

在药物研发领域，大数据的应用也为新药的发现和开发提供了新的思路和方法。通过对大量病患数据、生物信息学数据和医疗记录的分析，研究人员能够更全面地了解疾病的发病机制和变异规律。这为药物研发提供了更为准确的靶点和候选药物，缩短了新药上市的周期。

2. 生命科学领域

在生命科学的研究中，大数据也推动了生物信息学和计算生物学等新兴领域的发展。通过对生物大数据的整合和分析，研究人员能够更深入地理解生命的分子机制、细胞信号传导和生物系统的调控。这有助于解锁生命科学中的谜团，促进新的科学发现和技术创新。医疗与生命科学领域的大数据应用已经引起了革命性的变革。通过深入分析庞大的医疗数据，大数据为疾病预测、个性化治疗、药物研发等方面的突破性进展提供了支持。随着技术的不断进步和数据的不断积累，大数据的应用将继续推动医学和生命科学发展，为人类的健康和生命质量带来更多的创新和进步。

（二）城市规划与智慧交通

城市规划与智慧交通是当代城市管理中的两个重要方面，它们之间的关系紧密而复杂。随着城市化进程的不断推进，城市规划与智慧交通的结合成为提升城市管理水平和提供便捷生活的必然趋势。城市规划是为了更好地满足城市居民的需求，促进城市可持续发展而进行的一种系统性的活动。而智慧交通则是城市规划中的一个重要组成部分，它通过应用先进的信息技术和大数据分析手段，为城市交通提供更加智能和高效的解决方案。这种融合将城市规划与智慧交通有机结合，为城市的发展带来了新的机遇和挑战。

1. 城市规划

在城市规划方面，大数据应用为城市规划提供了更为全面和深入的数据支持。通过对城市居民的移动轨迹、社会活动等数据的分析,城市规划者能够更准确地了解城市的人口流动、居住结构等信息,为城市的规划和建设提供更科学的依据。大数据还能帮助城市规划者更好地了解城市的用地利用情况,优化城市的空间结构,提高城市的整体资源利用效率。

2. 智慧交通

智慧交通的发展为城市规划提供了新的视角和策略。通过智慧交通系统的建设,城市规划者能够更好地了解城市的交通状况,包括拥堵情况、交通流量分布等。这些信息能够帮助城市规划者优化城市交通网络,突破交通瓶颈,提高城市的整体交通效率。智慧交通还能够提供城市居民更为便捷的出行方式。通过智能交通工具,居民能够灵活地选择出行方式,减少对传统交通模式的依赖,从而促进城市规划的创新和改进。在智慧交通方面,大数据应用的最显著体现就是交通管理的智能化。通过对城市交通数据的收集和分析,智慧交通系统能够实现对交通信号、路况等的实时监测和调整。这种智能化的交通管理模式使得城市交通更加高效,减少拥堵,提高道路通行能力。

智慧交通还可以为交通管理部门提供更全面的交通预测,帮助其更好地制定交通管控策略,提高城市的交通安全性。智慧交通的发展也助推了城市规划中的绿色出行理念。通过大数据应用,城市规划者可以更好地了解城市居民的出行方式和习惯,从而更好地制定绿色出行政策。智慧交通系统的建设使得城市居民更容易选择可持续的出行方式,如公共交通、共享单车等,从而降低城市交通对环境的影响,促进城市的可持续发展。

大数据应用在城市规划和智慧交通中还能够提升城市的安全性。通过对城市交通数据的分析,可以及时发现交通事故、违法行为等问题,提高城市的交通安全水平。大数据应用还可以为城市规划者提供更全面的安全评估数据,帮助其更好地规划和设计城市的交通网络,提高城市的整体安全性。

城市规划与智慧交通的结合通过大数据应用,为城市的可持续发展和高效管理提供了新的思路和方法。大数据应用使得城市规划者能够更全面地了解城市的状况,更科学地制定城市规划策略。智慧交通的发展使得城市交通更加高效、便捷,为城市居民提供更好的出行体验。随着大数据技术和智慧交通技术的不断创新,城市规划与智慧交通的融合将进一步推动城市的发展,为城市居民提供更便捷、安全、环保的生活方式。

第四节 大数据对社会和经济的影响与意义

一、大数据对社会和经济的影响

（一）社会领域中的大数据影响

在社会领域，大数据的影响和应用日益深入，为社会发展带来了多方面改变。大数据在社会管理方面发挥了积极作用。

通过对人口、就业、教育、医疗等方面的大数据进行分析，政府能够更准确地了解社会状况，制定更有针对性的政策，提高社会管理的效率。大数据的应用使得政府能够更及时地发现社会问题，更科学地解决社会矛盾，促进社会的和谐发展。

在经济领域，大数据也发挥了不可忽视的作用。通过对市场、消费、产业等方面的大数据进行深入分析，企业能够更好地了解市场需求，调整产品结构，提高生产效率。大数据的应用为企业提供了更全面的市场情报，使得企业能够更灵活地应对市场竞争，更好地把握商机，推动经济的创新和发展。

在教育领域，大数据的应用为教育管理提供了新的可能性。通过对学生学习数据的分析，学校能够更好地了解学生的学习状况，制定个性化的教育方案，提高教育质量。大数据的应用还能够帮助学校更好地管理教育资源，合理分配师资和设施，推动教育公平和均衡发展。

在医疗领域，大数据的应用为医疗服务提供了更全面的支持。通过对患者的医疗数据进行分析，医疗机构能够更准确地诊断疾病，制定更科学的治疗方案。大数据的应用还能够帮助医疗机构更好地管理医疗资源，提高医疗效率，促进医疗服务的优化和升级。

在社会治理方面，大数据的应用为公共安全提供了更强大的工具。通过对犯罪数据、社会动态等大数据进行分析，执法部门能够更及时地发现潜在安全隐患，采取针对性的安全措施。大数据的应用使得社会治理更加精准和高效，提高了社会的安全水平。

在文化领域，大数据的应用也为文化产业提供了新的动力。通过对文化消费数据的深入分析，文化机构能够更好地了解受众需求，推出更受欢迎的文化产品。大数据的应用还能够帮助文化机构更好地开展文化推广和传播，促进文化的多元发展。

在环境保护方面，大数据的应用为环境监测提供了更全面的手段。通过对大气、水质、土壤等环境数据的实时监测和分析，环保部门能够及时地发现环境问题，制定科学的环保政策，提高环境治理的效果。大数据的应用还能够帮助社会更好地认识环境问题，提高公众的环保意识，促进社会共建共享的绿色生活。

大数据在社会领域的影响和应用呈现多方面的丰富性和复杂性。从政府管理到企业经济，从教育医疗到社会治理，大数据的应用使得社会在各个方面都迎来了新的发展机遇。随着大数据技术的不断创新和发展，其在社会领域的应用将更加深入和广泛，为社会的发展带来更多的创新和变革。

（二）经济领域中的大数据影响

大数据在经济领域的应用产生了深远影响，为企业和政府提供了更为精准的决策支持，促进了经济的创新和增长。

经济活动的日益数字化和信息化，使得大数据成为塑造经济格局和提高经济效率的重要工具。

大数据在市场营销方面发挥了关键作用。通过分析海量的市场数据，企业能够更准确地了解消费者的需求、喜好和购买行为。这有助于企业更有针对性地推出产品和服务，提高市场竞争力。

大数据技术还支持精准的广告投放。通过对用户行为数据的分析，广告商能够更精准地将广告呈现给目标受众，提高广告投资的回报率。

大数据在金融领域推动了创新和风险管理的进步。金融机构通过大数据分析能够更好地识别潜在风险，提高信用评估的准确性。大数据技术还为金融科技的发展提供了基础，推动了数字支付、在线借贷等创新服务的涌现。这有助于降低金融交易的成本，促进金融体系的更高效运转。

在生产和供应链管理方面，大数据也对经济产生了积极影响。通过对生产过程、供应链和库存等数据的综合分析，企业能够更好地进行生产计划和物流管理。这有助于降低库存成本、提高生产效率，使得生产更加精细化和智能化。供应链的透明度和效率得到提高，有助于缩短产品的上市周期，更迅速地满足市场需求。

在生命科学中，大数据分析帮助研究人员更好地理解基因、蛋白质及细胞等生物体内的运作机制。这种全新的研究范式使得科学研究能够更深入、更全面地探讨问题，推动了科学知识的不断拓展。

科研大数据的应用助力实现科学研究的个性化和定制化。通过对科研人员的个人研究数据、科研成果等信息的深度分析，科学家能够更好地定制研究方向，推进个性化研究。这种个性化的研究方向有助于发现新的科学问题、解决实际应用中的挑战，并促进学术界的创新。

在实验设计和数据采集方面，大数据技术的应用为科学研究带来了更大的灵活性和效率。科学家们可以利用大数据来设计复杂、全面的实验方案，更全面地考虑各种变量的影响。同时，大数据的应用还使得数据采集过程更加自动化，减少了研究人员的劳动强度，提高了数据的采集精度和速度。

科研大数据的共享和开放是科研创新的一大推动力。通过在全球范围内分享科研数据，科学家们能够更加容易地获取到丰富的实验数据和研究成果。这种全球范围的数据共享有助于加速科研进程，避免冗余的实验工作，促进科研资源的更为有效利用。共享大数据还有助于构建更加紧密的国际合作网络，推动全球科学研究的共同进步。

在工程领域，大数据应用在创新工程设计和优化过程中发挥了积极作用。通过对工程项目的大规模数据进行分析，工程师们能够更好地预测工程风险、优化设计方案，提高工程效率和质量。大数据的应用使得工程设计更为智能化，减少了试错成本，推动了工程领域的技术创新。

在人工智能和机器学习方面，大数据也是推动创新的重要动力。通过对大量的样本数据进行训练，机器学习算法能够从中学到规律，实现对未知数据的预测和分类。这种基于大数据的机器学习已经在自然语言处理、图像识别、医学诊断等领域取得了显著进展，为技术创新提供了全新思路和方法。

创新与科研领域的大数据应用正推动科学研究和技术创新迈向新的高度。大数据技术的发展为科学家们提供了更全面、更深入的研究工具，使得科研更加高效和个性化。科研大数据的共享和开放促进了全球科学界的协作和信息交流。在工程和技术创新方面，大数据的应用使得工程设计更为智能化，机器学习等技术的发展为各个领域的创新提供了新的可能性。随着大数据技术的不断发展，科研与创新领域将进一步受益于这一数字化时代的巨大潜力，推动人类社会不断向前发展。

(二)大数据对经济的意义

1. 洞察和预测

洞察和预测大数据对经济有着重要意义。大数据是指海量、多样、高速的数据集合,包含着丰富的信息和价值。通过对大数据的洞察和分析,可以帮助企业和政府更好地了解经济形势和市场趋势,及时调整政策和战略,推动经济发展和增长。

大数据可以帮助企业和政府更准确地洞察经济形势。大数据包含着各种各样的数据信息,涵盖了经济活动的方方面面,包括消费行为、生产活动、市场交易等。通过对大数据的分析,可以全面了解经济各个领域的动态变化和趋势演变,为企业和政府提供全面、准确的经济信息,有助于做出科学决策和规划。

大数据可以帮助企业和政府更精准地预测市场需求和趋势。通过对大数据的挖掘和分析,可以发现潜在的消费需求和市场趋势,预测未来的市场走向和发展方向。这样,企业可以根据市场需求调整产品和服务,提高市场竞争力;政府可以根据市场趋势调整宏观政策,促进经济平稳增长。

大数据还可以帮助企业和政府更有效地管理风险和危机。在经济发展过程中不可避免地会面临各种风险和挑战,如市场波动、自然灾害、金融危机等。通过对大数据的分析,可以及时发现风险的迹象和预警信号,采取相应的措施和应对策略,降低风险带来的损失,保障经济的稳定和健康发展。

洞察和预测大数据对经济具有重要的意义。通过对大数据的深度分析和应用,可以帮助企业和政府更好地洞察经济形势、预测市场趋势、管理风险危机,推动经济的发展和繁荣。

2. 增强生产力和创新

增强生产力和创新大数据对经济具有重要的意义。大数据是由海量、多样、高速的数据组成,其中蕴含着丰富的信息和价值。通过充分利用大数据,可以帮助企业和政府提高生产力水平,推动经济持续增长。

大数据可以帮助企业提升生产力水平。通过对大数据的分析和挖掘,企业可以更加深入地了解市场需求、产品特点和消费者偏好,针对性地调整生产和经营策略,提高产品质量和生产效率,降低生产成本,从而提高生产力水平,增强企业竞争力。

大数据可以促进创新发展。大数据中蕴含着丰富的信息和知识,可以为企业提供灵感和启示,激发创新意识和创新能力。通过对大数据的深度分析和应用,企业可以发现市场机遇和产品创新点,加速新产品的研发和推广,推动科技创新和产业升级,促进经济的创新发展。

大数据可以促进产业融合和跨界合作。大数据涉及的领域广泛,包括经济、金融、医疗、教育等各个领域,可以促进不同行业之间的信息共享和资源整合,促进产业融合和跨界合作,形成产业链条和价值链条,推动经济多元化和综合化发展。

大数据还可以促进经济社会的可持续发展。通过对大数据的分析和应用,可以更好地解决环境污染、资源短缺等问题,推动经济发展与环境保护的协调发展,实现经济增长与社会进步的良性循环,促进经济社会的可持续发展。

增强生产力和创新大数据对经济具有重要的意义。通过充分利用大数据,可以提高生产力水平,促进创新发展,推动产业融合和跨界合作,促进经济社会的可持续发展,实现经济持续增长和繁荣。

第二章　大数据采集与处理技术

第一节　数据采集与数据源多样性

一、数据采集的多样性

（一）数据采集与传感技术

数据采集与传感技术作为大数据应用的重要组成部分，正在深刻改变着我们对信息获取和利用的方式。这一技术的不断发展，使得我们能够实时、精准地获取各种数据，进而推动了各行各业的创新与发展。

数据采集与传感技术在工业领域的应用具有深远影响。通过在设备、机器和生产线上部署各种传感器，企业可以实时监测设备状态、生产过程和产品质量。这种实时监测不仅提高了生产效率，还有助于预防设备故障，降低了维护成本。数据采集与传感技术的应用使得工业生产更加智能化和自动化，推动了工业的发展。

数据采集与传感技术在农业领域的应用为农业生产带来了新的可能性。通过在农田中布置土壤湿度、温度、光照等传感器，农民可以更好地了解土壤和气象条件，实现精准农业，有助于优化农业生产计划，提高农产品的产量和质量。数据采集技术还支持农业机械的智能化，使得农业生产更加高效和可持续。

在城市管理方面，数据采集与传感技术的应用正推动城市智能化的发展。通过在城市中部署各种传感器，可以监测交通流量、空气质量、垃圾桶的填充情况等多个方面的数据。这种实时监测有助于城市规划者更好地了解城市运行状态，优化城市交通流动、改善环境质量。数据采集与传感技术的应用使得城市变得更加智能、高效，提高了居民的生活质量。

在医疗领域，数据采集与传感技术的应用为患者提供了更个性化的医疗服务。通过在患者身上植入生物传感器或穿戴可穿戴设备，医生可以实时监测患者的生理参数、运动状态等信息。这种个性化的数据采集有助于医生更精准地进行诊断和治疗，提高了医疗的效果。数据采集技术还支持远程医疗服务，使患者能够更方便地获取医疗服务，减轻了医疗资源的压力。

在环境监测方面，数据采集与传感技术的应用有助于更全面地了解自然环境的变化。通过在大气、水体、土壤等环境中部署传感器，科学家能够实时监测环境污染、气候变化等情况。这种实时监测有助于及早发现环境问题，采取有效措施进行治理。数据采集与传感技术的应用为环境保护提供了更为科学的手段，推动了可持续发展理念的落实。

在交通领域，数据采集与传感技术的应用使得交通系统更加智能化。通过在道路、车辆上部署传感器，交通管理者可以实时监测交通流量、道路状况等信息。这有助于优化交通信号，减缓交通拥堵，提高交通效率。数据采集与传感技术的应用也为智能交通系统的发展提供了技术支持，推动了交通领域的创新。

数据采集与传感技术的大数据应用正深刻地影响着各个领域。通过实时、精准地获取各种数据，数据采集与传感技术为工业、农业、城市管理、医疗、环境保护、交通等领域带来了创新与发展的机遇。这一技术的不断演进将继续推动社会的智能化和可持续发展，为人类创造更美好的未来。

（二）多源数据清洗

在大数据应用中，多源数据清洗是至关重要的环节。多源数据的整合是将来自不同数据源的信息进行有机组合，形成更加全面和综合的数据集。这一过程旨在消除"信息孤岛"，充分挖掘数据的价值。而数据清洗则是对这些数据进行筛选、过滤和纠错的过程，以确保数据的准确性和一致性。

1.多源数据清洗

在多源数据清洗过程中，需要处理来自不同系统、格式和结构的数据，这包括但不限于文本、图像、音频、视频等多种数据类型。通过对这些数据进行整合，可以建立全面的数据体系，为后续的分析和应用提供更为丰富和准确的基础。从社交媒体、传感器、企业数据库等多个数据源获取的信息，通过整合可以形成更全面的用户画像，为个性化推荐、市场分析等提供更有力的支持。在多源数据清洗过程中，要处理不同数据源之间的数据冲突和不一致问题，这可能包括数据格式的不同、字段的命名差异、单位的不统一等。

通过标准化和映射，可以使得不同数据源的信息在整合后具有一致的结构和格式，有助于提高数据的可比性和可用性。这对于建立统一的数据模型，进行更为综合的分析具有重要意义。

2. 多源数据清洗步骤

数据清洗是多源数据清洗的必然环节。数据清洗包括了对数据的去重、缺失值填充、异常值处理等一系列步骤，以确保数据的质量。这是因为在原始数据中往往存在着错误、噪声和不完整的情况，如果不经过清洗就直接用于分析，将会影响到后续决策的准确性。

在数据清洗过程中，可以运用各种算法和方法，如基于规则的清洗、聚类分析、异常检测等。这些方法有助于发现数据中的潜在问题并进行修复。通过识别和处理重复数据，可以避免因为重复记录而引入不准确的信息，确保数据的一致性。

对缺失值的填充也是一个关键步骤，可以通过插值、均值、中值等方法进行处理，以减少对数据整体的影响。多源数据清洗的过程是一个相对繁琐但必不可少的步骤。其目的是保证数据的完整性、一致性和准确性，为后续的数据分析和挖掘提供高质量的数据基础。

在实际应用中，采用自动化的工具和算法，结合人工的审核和干预，可以提高整合与清洗的效率，并减少误差的引入。在大数据应用场景下，多源数据清洗是数据预处理的关键环节，对于确保数据的质量和可信度至关重要。只有经过合理有效的整合与清洗，才能更好地挖掘数据的潜在价值，为决策和应用提供更为可靠和有效的支持。在大数据时代，多源数据清洗将持续发挥重要的作用，为数据分析和应用提供基础保障。

二、数据源多样性

（一）多模态数据融合与处理

多模态数据融合与处理是大数据应用领域的一个重要方向，它涉及整合来自不同来源和形式的数据，为深度分析和智能决策提供更全面的信息。这一技术的发展正在推动着各个领域的创新与进步。

在医疗领域，多模态数据融合与处理为医学影像、生理信号等多种医疗数据的综合分析提供了可能。通过整合患者的影像数据、实验室检查数据和临床记录等多种信息，医生可以更全面地评估患者的健康状况。这有助于提高疾病诊断的准确性，制定更为个性化的治疗方案。多模态数据的融合也为医学研究提供了更为丰富的材料，促进了新药开发和疾病机制的深入理解。

在智能交通领域，多模态数据融合与处理为交通管理提供了更全面的交通信息。通过整合来自交通摄像头、车辆传感器、道路监测器等多种数据源，交通管理者能够更准确地监测交通流量、道路状况和事故情况。这有助于实现智能交通信号控制、优化道路规划，提高城市交通的效率和安全性。

在环境监测方面，多模态数据融合与处理为全面了解环境状况提供了手段。通过整合气象数据、土壤质量监测、空气质量传感器等多种数据，科学家能够更好地监测和分析自然环境的变化。这有助于及早发现环境问题，采取相应的环境保护措施，推动可持续发展。

在企业领域，多模态数据融合与处理为企业决策提供了更为全面的信息支持。通过整合来自销售数据、市场调研、客户反馈等多种数据，企业管理者可以更准确地分析市场趋势，制定营销策略，提高企业竞争力。多模态数据的融合与处理有助于企业进行风险评估和资源优化，实现更为智能化的运营管理。

在教育领域，多模态数据融合与处理为教育决策提供了更为全面的学生信息。通过整合学生的学习成绩、课堂表现、社交活动等多种数据，教育决策者可以更好地了解学生的综合素质和需求。这有助于个性化教育的实施，提高教育质量和学生的学习体验。

在军事领域，多模态数据融合与处理为军事情报分析提供了更为全面的情报支持。通过整合来自卫星图像、雷达监测、通信情报等多种数据，军事分析人员能够更准确地评估敌方军事动向、制定军事战略。多模态数据的综合分析有助于提高军事决策的精准性和效率。

多模态数据融合与处理的大数据应用正深刻地影响着各个领域。通过整合不同类型的数据，实现数据的互补和交叉分析，为深度洞察提供了新的途径。这一技术的发展正在推动着科学研究、医疗健康、城市管理、企业决策等多个领域的创新与发展，为社会的智能化和可持续发展创造了更多可能性。

（二）隐私与伦理考量

在大数据应用背景下，隐私保护和法规遵循是至关重要的议题。大数据的广泛收集和分析涉及大量敏感信息，如个人身份、消费习惯等，因此需要强有力的隐私保护机制和法规遵循措施，以确保用户权益不受侵犯，同时维护社会秩序和法治。

1. 大数据在隐私保护的应用

在隐私保护方面，大数据应用需要采取一系列措施来确保个人信息安全。数据收集应遵循明确的目的，明确告知用户数据被收集的原因和使用范围，并取得用户的明示同意。数据存储和传输应采取加密等安全手段，防止数据在传输和存储过程中被非法获取。匿名化和去标识化技术也是隐私保护的有效手段，通过将个人身份信息与其他数据分离，降低敏感信息的泄露风险。在数据使用和共享方面，应建立权限管理机制，确保只有授权人员能够访问和使用特定的敏感信息。

法规遵循是保护隐私的重要保障。各国和地区都颁布了一系列法规和政策，规范大数据的收集、存储和使用行为。在法规层面，大数据应用需要遵循《个人信息保护法》等相关法规，明确个人信息的合法使用范围和条件。随着互联网的全球化，大数据应用还需考虑跨境数据流动的法规，确保在不同国家和地区都能够合法合规地开展业务。

除了遵循法规外，行业自律也是重要一环。相关行业组织和协会可以制定行业准则和规范，引导企业自觉遵循隐私保护的最佳实践。企业在数据处理中应当明确责任分工，建立专门的隐私保护团队，并制定内部管理规章，确保员工在数据处理过程中严格遵循隐私保护的规定。大数据应用中的隐私保护还需要注重技术手段的创新。随着技术的发展，隐私保护技术也在不断进步。差分隐私技术能够在保护数据隐私时保持数据分析的有效性。同态加密等密码学技术也为在不暴露原始数据的前提下进行计算提供了可能。企业在应用这些技术时也需要不断更新自身的技术水平，以应对潜在的隐私保护挑战。

隐私保护需要社会各界的共同参与。公众对于隐私保护的关注度逐渐提高，对于违反隐私的行为也更加敏感。企业应当积极倾听用户的需求和意见，建立用户隐私权的保护机制，形成用户、企业和社会三方共赢的局面。媒体、学术界和公民社会组织也可以通过舆论监督、研究和倡导等途径推动隐私保护的实施。

大数据时代，隐私保护和法规遵循是确保个人信息安全和社会和谐的基石。企业应当在技术、管理和法规遵循等多方面全面考虑，不仅是为了符合法规和社会期望，更是为了建立可信赖的品牌形象，赢得用户信任。

2. 大数据在伦理与社会责任考量的应用

通过坚持隐私保护和法规遵循，大数据应用能够更好地实现社会和经济的可持续发展，推动数字化时代的健康发展。伦理问题与社会责任在大数据应用中成为一项重要议题，大数据的广泛应用涉及对个人隐私、社会公平、权力滥用等方面的伦理和社会责任问题。

在这一背景下，社会和企业需要认真对待这些问题，制定相应的规范和政策，以确保大数据的应用能够在合法、公正、公平的基础上推动社会的发展。大数据应用引发了对个人隐私的深刻关切。随着大数据技术的不断发展，个人信息的采集和分析变得更为广泛和深入。在这个过程中，个人的隐私面临着潜在的泄露和滥用风险。个人的购物习惯、社交网络活动、医疗记录等大量信息被收集后可能用于商业广告、精准定向营销，甚至涉及个人信用评估等方面。如何保护个人隐私成为大数据应用中亟待解决的伦理问题。社会责任问题体现在大数据的应用对社会公平和公正产生潜在影响，大数据的分析可能会导致某些群体或个体在社会资源分配中受到不公平的对待。

在招聘领域，如果招聘决策主要基于大数据算法对过去的数据进行分析，可能会导致某些特定群体的机会受到限制。这种情况下，大数据应用可能会加剧社会中的不平等，构成对社会责任的挑战。大数据应用可能引发权力滥用的风险。在政府和企业等机构拥有大规模数据的情况下，数据的集中管理可能导致权力滥用的问题。在社会治安领域，政府可能使用大数据技术进行全面监控，引发公民对个人权利受到侵犯的担忧。在商业领域，企业可能滥用大数据分析结果来垄断市场或违反竞争规则。权力滥用成为大数据应用中需要警惕的伦理问题。大数据应用还涉及信息的安全和数据泄露的风险。大规模的数据集中存储和处理可能使得数据容易成为攻击目标，一旦发生数据泄露，将对个人、企业和社会带来严重的损害。信息安全的问题成为大数据应用中需要高度关注的社会责任。

为解决这些伦理问题和社会责任挑战，需要建立更加健全的法律法规和行业规范，以确保大数据的合法合规使用。政府和企业应该制定明确的隐私保护政策和数据使用原则，确保数据的采集和处理符合法律规定，避免滥用个人信息。应加强对大数据应用中算法的透明度和公正性的监管，防止算法带来的偏见和不公平对社会产生负面影响。

在社会层面，应推动公众参与，建立多方参与的决策机制，确保在大数据应用的过程中考虑到各方的权益和声音。社会各界应共同努力，促进大数据应用的合理、负责任发展，维护个人隐私、促进社会公平，避免权力滥用的风险。大数据应用所带来的伦理问题和社会责任挑战需要全社会共同关注和应对。通过建立健全法律法规、加强监管和推动公众参与，可以有效应对大数据应用中的伦理和社会责任问题，确保大数据的发展能够更好地为社会创造价值，同时维护个体的权益和社会的公正。

第二节　大数据存储与管理

一、大数据存储技术

（一）大数据存储架构与技术

大数据存储架构与技术在大数据应用中扮演着至关重要的角色，其设计和实现直接影响着大数据的管理、处理和分析能力。

大数据存储面临着海量数据、高并发访问和多样化数据类型等挑战，设计合理的大数据存储架构和采用先进的存储技术成为保障大数据应用性能和可靠性的关键。

大数据存储需要具备横向扩展的能力，以适应不断增长的数据规模。传统的存储系统往往难以应对大规模数据的挑战，采用分布式存储架构成为解决方案之一。分布式存储将数据分散存储在多个节点上，可以通过增加节点来线性扩展存储容量，满足大规模数据的存储需求。分布式存储架构还具备高可用性和容错性，一旦某个节点故障，系统仍然能够正常运行，确保数据的稳定性和可靠性。大数据存储需要支持多样化的数据类型和数据格式。

1. 大数据的存储架构

大数据往往包含结构化数据、半结构化数据和非结构化数据，如关系型数据库中的表格数据、日志文件中的文本数据、图像、音频、视频等多种形式的数据。存储系统需要具备灵活的存储模型和支持多格式的数据存储能力。一些新型的存储技术，如 NoSQL 数据库和分布式文件系统，能够更好地适应不同类型和格式的数据存储需求。

2. 大数据的存储技术

大数据存储需要保障数据的高速读写和低延迟访问。随着数据量的增加，传统的磁盘存储在面对大量小文件读写时容易出现性能瓶颈。为解决这一问题，大数据存储系统采用了诸如分布式文件系统、内存数据库等技术，以提高数据读写速度和降低访问延迟。

采用固态硬盘（SSD）等高性能存储介质也是提升存储性能的一种有效途径。在大数据存储的技术层面，数据压缩和数据分区技术是两个重要方向。数据压缩可以有效减小存储空间的占用，提高存储效率。数据分区则将数据按照某种规则进行划分，可以提高查询和分析的效率。在列式数据库中，采用按列存储的方式，能够降低查询时需要读取的数据量，从而提高查询速度。数据备份和容灾恢复是大数据存储中不可忽视的重要环节。由于大数据存储往往涉及数十、数百甚至数千台服务器，因此必须建立有效的数据备份和容灾恢复机制。采用分布式备份和数据冗余技术，确保数据的安全性和可靠性。

制订科学合理的灾备计划，保障在系统遭受灾害性故障时能够及时恢复。在大数据存储的实践中，云存储技术逐渐成为一种趋势。云存储提供了高度可扩展、弹性伸缩的存储服务，用户无需关心硬件设备的维护和管理，能够根据实际需求弹性调整存储容量。

云存储还提供了多地域、多副本的备份和容灾机制，提高了数据的安全性和可靠性。云存储的出现不仅使得大数据存储更加灵活和便捷，同时也降低了存储成本，为企业提供了更为经济高效的解决方案。

大数据存储架构与技术的发展与应用的需求紧密相连。为了应对海量数据的挑战，大数据存储系统需要具备横向扩展、多样化数据类型支持、高性能读写、数据压缩、分区、备份容灾等一系列关键特性。通过不断引入新技术和不断优化存储架构，大数据存储系统能够更好地应对日益增长的数据规模和多样性，为大数据应用提供坚实的基础支持。

（二）大数据存储优化与性能管理

在大数据应用中，存储优化与性能管理是关键的技术挑战之一。随着数据规模的不断增长和数据处理的复杂性,如何高效地存储和管理大量数据成为一个紧迫的问题。

1. 大数据存储优化

为了满足大数据应用对存储性能和效率的需求,需要采取一系列措施进行存储优化和性能管理。存储优化需要考虑数据的组织和存储格式。选择合适的存储格式对于提高存储效率至关重要。在大数据环境下,常见的存储格式包括文本格式、二进制格式、列式格式、压缩格式等。不同的存储格式在存储效率、读写速度和压缩比等方面有差异。使用列式存储格式可以减小存储空间占用,提高查询效率。采用数据压缩算法也是一种有效的存储优化手段,可以减小存储空间,降低数据传输成本。

对于大数据存储系统来说,数据分区是提高性能的一项重要策略。数据分区将数据按照某种规则划分成不同的区域,可以使得查询和分析时只需要处理特定的分区,从而提高查询效率。合理的数据分区设计需要考虑数据的访问模式、业务需求以及系统硬件配置等因素。通过采用适当的数据分区策略,可以降低查询时需要处理的数据量,从而提高查询速度。

索引的建立对于提高存储系统的性能是至关重要的。索引是一种数据结构,可以加速对数据的检索操作。在大数据存储中,由于数据量巨大,没有索引的查询可能需要扫描整个数据集,导致查询效率低下。通过在适当的字段上建立索引,可以大幅提高查询速度。索引的建立也需要谨慎操作,因为索引会占用额外的存储空间,并在数据更新时引入额外的维护成本。在存储系统的硬件层面,采用高性能的存储介质也是提升性能的一种途径。传统的硬盘存储在速度上相对较慢,而固态硬盘(SSD)则具有更高的读写速度和低延迟。

2. 大数据性能管理

在对性能有较高要求的大数据应用场景中,使用 SSD 等高性能存储介质能够显著提高数据的读写速度,加快数据处理过程。同时,采用缓存技术也是一种提高存储性能的有效手段。通过在存储系统中引入缓存,可以将热点数据存储在高速缓存中,减少对底层存储的访问次数,提高数据的读取速度。缓存可以分为内存缓存和分布式缓存两种。前者通常用于单个节点内的数据缓存,后者则通过多个节点协同工作,适用于大规模分布式存储系统。

在大数据应用中,数据的备份和容灾也是存储优化的一个重要方面。通过建立有效的备份和容灾机制,可以保障数据的安全性和可靠性。备份可以采用定期全量备份或增量备份的方式，根据业务需求和数据变化情况选择合适的备份策略。容灾方面，采用多地域、多副本的存储架构，保障数据的容灾恢复能力。

存储优化与性能管理是大数据应用中的关键问题，涉及数据的组织、存储格式、分区、索引、硬件选择、缓存、备份容灾等多个方面。通过综合考虑这些因素，优化存储系统的设计和性能管理，可以更好地满足大数据应用对于存储效率和性能的要求，确保数据的高效存储、管理和分析。

二、大数据的安全管理

（一）大数据管理与处理平台

大数据管理与处理平台在当今信息时代中扮演着至关重要的角色。这些平台充当着数据存储、处理、分析和管理的核心枢纽，为企业、机构以及个体提供了强大的数据支持。通过这些平台，海量的数据能够得到高效、灵活的管理和处理，推动了大数据应用的广泛发展。

大数据管理与处理平台具有高度的可扩展性。由于现代社会中数据量的急剧增加，传统的数据管理方式已经无法满足需求。大数据管理平台通过分布式计算和存储技术，能够轻松应对庞大的数据量，实现横向扩展，从而更好地适应不断增长的数据规模。大数据管理平台提供了多样化的数据存储和处理模型。不同的数据应用场景需要不同的存储和处理方式，大数据平台通过支持关系型数据库、NoSQL 数据库、分布式文件系统等多种数据存储形式，满足了各种数据处理需求。这样的灵活性使用户能够根据具体情况选择最适合的数据处理方式，提高了数据的利用效率。

大数据平台的另一特点是其强大的计算能力。通过并行计算和分布式计算技术，大数据平台能够在短时间内完成大规模数据的复杂计算任务。这为数据分析、挖掘、机器学习等领域提供了强大支持，推动了科学研究和商业决策的深入发展。

大数据管理与处理平台也注重数据的安全性。在面对日益频繁的数据泄露和安全威胁时，平台提供了一系列的安全措施，包括身份验证、访问控制、加密传输等手段，保障数据的完整性和机密性。这有助于维护用户隐私，降低潜在的风险。大数据平台注重用户友好性。通过可视化工具、图形界面等方式，降低了用户对于底层技术的依赖，使得更多人能够参与到大数据应用中。这样的用户友好性使得数据管理和处理变得更加普及，推动了大数据在各个领域的广泛应用。

大数据管理平台还提供了实时处理的能力。在需要对数据进行即时分析和响应的场景中，平台通过流式处理技术，能够实现对数据的实时处理，确保及时的决策和反馈。这种实时处理的特性对于金融、电商等行业具有重要意义。大数据管理平台也致力于降低数据处理的成本。通过资源的共享和高效利用，平台能够在提供高性能的同时最大限度地降低硬件和软件成本。这有助于中小企业和个体用户更加轻松地参与到大数据应用中，促进了创新和经济的发展。

大数据管理与处理平台在大数据应用中扮演着不可或缺的角色。其可扩展性、多样性、计算能力、安全性、用户友好性、实时处理和降低成本等特点，为大数据应用提供了强大的技术支持，推动了数字时代的发展。随着大数据技术的不断发展和创新，大数据管理与处理平台将继续发挥关键作用，助力更多领域的数据驱动决策和创新实践。

（二）大数据安全与隐私保护

在大数据应用中，数据加密与访问控制是关键的安全手段。数据加密作为一种常见的安全技术，通过对数据进行加密处理，将其转化为密文，以保护数据的机密性。访问控制则是通过制定规则和策略，限制对数据的访问，确保只有经过授权的用户才能够获取敏感信息。

1. 大数据安全保护

数据加密在大数据应用中扮演了重要角色，其目的是防止未经授权的用户获取敏感信息。通过采用加密算法，将原始数据转化为密文，即使在数据传输和存储过程中被非法获取，攻击者也难以还原出原始的敏感信息。

这为大数据应用提供了强有力的安全防线，防范了信息泄露和数据滥用的风险。数据加密的方法包括对整个数据集进行加密，也可以对数据中的敏感字段进行局部加密。全盘加密通过对整个数据集进行加密，确保整个数据集在传输和存储过程中得到了保护。而局部加密则更为灵活，只对数据中的敏感字段进行加密，减小了加密和解密的计算负担，提高了系统的性能。

大数据环境下，访问控制是数据安全的重要组成部分。通过访问控制，可以限制用户对数据的访问权限，确保只有授权用户才能够获取到特定的数据。这种精确的权限管理机制防止了未经授权的用户获取敏感信息，有效降低了数据泄露的风险。访问控制主要包括身份验证和授权两个环节。

身份验证是通过验证用户提供的身份信息,确定其是否是合法用户。这包括常见的用户名密码验证、生物特征识别、多因素认证等手段。授权则是在身份验证通过后,确定用户对数据的具体操作权限,包括读取、修改、删除等。通过灵活的授权策略,可以根据用户的角色和需求,设定不同的权限,确保数据的安全性。

数据加密与访问控制在大数据应用中也需要注重技术创新。随着计算机和网络技术的不断发展,新的加密算法和访问控制策略不断涌现。同态加密、差分隐私等新兴的加密技术,为数据的安全传输和存储提供了更为灵活和高效的手段。而基于策略的访问控制、属性基加密等技术也为访问控制提供了更为细粒度和可控的管理手段。

在实际应用中,数据加密与访问控制需要与其他安全手段相结合,形成完整的安全体系。加密技术可以与虚拟专用网络(VPN)结合,确保数据在传输过程中的安全。访问控制可以与身份管理系统、审计系统结合,形成全面的安全保障机制。这种综合性的安全体系有助于提高数据的整体安全性,降低潜在的风险。随着大数据应用的不断普及和深化,数据加密与访问控制将持续发挥重要的作用。在信息化时代,数据是企业和个人的核心资产,其安全性直接关系到社会和经济的稳定发展。

通过不断创新和完善数据加密与访问控制技术,可以更好地保护数据的安全性,促进大数据应用的可持续发展。在大数据应用背景下,隐私保护和合规性成为至关重要的议题。随着个人数据的不断产生和积累以及大数据分析的深入应用,如何在保障隐私的前提下进行数据处理以及确保数据处理过程合乎法规和规范,成为大数据应用中亟待解决的挑战。

2. 隐私保护

隐私保护是大数据应用中的一项重要任务。在大数据环境下,涉及的数据量庞大,包括个人身份、健康信息、购物记录等敏感数据。如何有效保护这些个人隐私成为一项迫切需要解决的问题。采用数据匿名化和脱敏技术是一种常见的隐私保护手段。通过对敏感信息进行模糊处理、加密或去标识化,可以在一定程度上减小隐私泄露的风险。采用访问控制、权限管理等手段,限制对敏感数据的访问,提高数据的安全性。

合规性是大数据应用中不可忽视的方面。随着全球数据保护法规的不断出台，大数据应用必须确保其数据处理活动符合相关法规和规范，避免引发法律责任和风险。欧盟《通用数据保护条例》（GDPR）规定了对于欧洲公民个人数据的合规要求，企业需要获得用户的明示同意并遵循数据保护原则。在美国，不同州也有不同的隐私法规，企业需要了解并遵守相关法规。在中国，《个人信息保护法》的颁布也进一步强调了对个人信息的保护和合规处理。

为了保证大数据应用的合规性，企业需要建立完善的隐私和合规框架。这包括制定明确的隐私政策，告知用户数据的收集和处理目的，以及用户的权利和选择。采用技术手段确保数据处理的透明性，使用户能够更好地了解其个人数据的使用情况。企业还需要建立合规团队，负责监督和管理数据处理过程，确保合规性的持续维护。

在大数据应用中，数据共享也是一个常见的场景，但同时也带来了隐私和合规性的挑战。在数据共享的过程中，需要明确数据的所有权和使用权限，确保数据被合法和安全地使用。采用安全的数据共享技术，如安全多方计算（MPC）和同态加密等，可以在保护隐私的前提下实现多方之间的数据共享。建立安全可控的数据共享平台，明确数据共享的规则和流程，有助于规范数据共享活动，确保合规性。除了法规合规外，大数据应用还需要考虑伦理层面的合规性。在数据处理过程中，需要权衡数据的商业利益与个人隐私之间的关系，确保数据的使用符合伦理和道德标准。建立伦理委员会或专业机构，负责监督和评估数据处理活动的伦理合规性，有助于确保数据应用的社会责任感和可持续性。

隐私保护和合规性是大数据应用中不可忽视的方面，需要综合考虑技术、法规和伦理等多个层面。通过采用数据脱敏、访问控制等隐私保护技术，建立完善的合规框架，规范数据共享和处理流程，可以有效降低隐私泄露的风险，确保大数据应用在合规和伦理的基础上取得更好的发展。

第三节　大数据清洗与预处理

一、大数据清洗

（一）数据清洗与质量检验

在大数据应用背景下，数据清洗与质量检验是确保数据准确性和可靠性的关键步骤。数据的质量直接影响着后续分析和决策的有效性，对数据进行有效清洗和质量检验是保障大数据应用成功的基础。数据清洗是指通过一系列的处理手段，对数据中的错误、不一致和缺失等问题进行修复和处理的过程。

1. 数据清洗

数据在采集、传输和存储的过程中可能受到各种干扰，因此需要进行清洗，以确保数据的准确性和一致性。清洗的过程包括去重、填充缺失值、纠正错误值等步骤。通过这些步骤，数据得到了更为完善和可靠的形态。去重是数据清洗的一项重要工作。在大数据集中，由于数据来源的多样性，可能存在重复记录，这会对数据的分析产生干扰。通过去重，可以有效清理掉重复的数据，提高数据的整体质量。填充缺失值也是数据清洗的关键步骤，因为缺失值可能导致数据分析的偏差和不准确性。采用插值、均值、中值等方法，可以更好地处理缺失值的情况。

2. 质量检验

在数据质量检验方面，主要涉及数据的完整性、一致性、准确性等方面的评估。完整性检验主要是确保数据集中的所有必要信息都得到收集和保留，不会因为错误或丢失而导致数据的不完整。一致性检验则是确保数据集中的信息是一致和相符的，避免在不同来源的数据中出现矛盾。准确性检验旨在验证数据的准确性，防止因为采集或传输过程中的错误而导致数据的失真。

为了有效地进行数据质量检验，可以采用一系列的质量指标和规则。这些指标和规则可以基于领域知识、业务需求以及数据本身的特点来设定。通过制定明确的质量标准，可以更好地对数据进行评估和监控，及时发现和处理潜在的问题，提高数据的质量。

数据清洗与质量检验还需要借助先进的技术手段。自动化的数据清洗工具和质量检验工具可以有效提高处理效率，降低人工成本。采用机器学习算法，可以识别和处理一些常见的数据错误和异常，提高数据清洗的自动化水平。通过数据质量管理系统，可以实时监测数据的质量状况，及时发现问题并进行修复。在实际应用中，数据清洗与质量检验是一个迭代的过程。随着业务需求和数据特性的不断变化，需要不断对数据进行监测和调整。只有在数据清洗与质量检验的过程中保持灵活性和及时响应，才能更好地适应复杂多变的大数据环境。

数据清洗与质量检验在大数据应用中具有重要意义。通过对数据进行有效清洗和质量检验，可以确保数据的可信度和有效性，为后续的分析和决策提供可靠基础。这一过程不仅需要结合先进的技术手段，还需要与领域专业知识相结合，以达到更为准确、高效的数据处理效果。

（二）多源数据清洗

在大数据应用中，多源数据清洗是至关重要的环节，直接关系到后续的数据分析和挖掘工作。

大数据环境下的数据通常有多个不同的来源，包括结构化数据、半结构化数据和非结构化数据，如何有效清洗这些多源数据成为保障数据质量和分析准确性的前提。多源数据清洗是指将来自不同数据源的数据进行合并，形成一个统一的数据集。这涉及解决不同数据源之间的数据模型、数据格式和数据语义的不一致性问题。

在大数据应用中，常见的数据整合手段包括数据集成、数据融合和数据关联等。数据集成是将来自多个数据源的数据整合到一个统一的数据仓库或数据湖中，通过ETL（Extract, Transform, Load）等技术实现。数据融合是将来自不同数据源的同类别数据进行合并，以生成更全面和准确的数据集。数据关联则是通过关联键将不同数据源的数据关联起来，以获取更为丰富的信息。

多源数据清洗是确保数据质量的关键步骤。在实际应用中，原始数据往往存在着缺失值、异常值、重复值等问题，这会影响到后续数据分析的准确性和可信度。进行数据清洗是为了剔除这些无效或错误的数据，使得数据集更为干净和可靠。数据清洗的过程包括数据去重、填充缺失值、异常值处理等。去重是指在数据中找出并删除重复的记录，以减小数据冗余。填充缺失值是指对于存在缺失的数据,通过插值或其他方法进行填充,以保持数据的完整性。异常值处理是指识别和剔除那些偏离正常范围的数值,以防止这些异常值对数据分析产生不良影响。

清洗之前,需要对原始数据进行质量评估。这包括对数据的完整性、准确性、一致性、可信度等方面的评估,以确定数据质量问题的具体情况。不同数据源可能采用不同的数据标准和命名规范,为了方便清洗,需要进行数据标准化工作。这包括统一字段名称、单位、格式等,以确保数据在整合后具有一致的数据标准。选择适当的数据清洗算法对数据进行处理。可以使用插值方法填充缺失值,利用统计方法识别异常值,采用哈希算法进行数据去重等。在进行数据关联时,选择合适的关联键是非常关键的。关联键的选择应基于数据的业务逻辑和分析目的,确保关联的准确性和有效性。

数据清洗是一个迭代过程,需要不断进行数据质量监控和修复。随着数据的变化和业务需求的演变,可能需要调整清洗规则和算法,以适应新的情况。在清洗的过程中,要注意保障数据的安全性。采取合适的加密、权限控制和脱敏技术,防止敏感信息泄露。要建立数据审计机制,记录数据处理的过程和结果,以便在需要时进行追溯和验证。

多源数据清洗是大数据应用中数据处理的基础工作。通过科学合理的数据清洗和整合流程,可以提高数据的质量,为后续的数据分析、挖掘和建模提供可靠的基础。有效的多源数据清洗不仅有助于提高数据的价值,也为业务决策提供了更为可信的支持。

二、大数据预处理

(一)文本与非结构化数据的预处理

文本与非结构化数据的预处理在大数据应用中起着至关重要的作用。文本数据和非结构化数据通常以自然语言、图像、音频等形式存在,其复杂性和多样性使得对其进行有效的预处理成为大数据分析的前提。

1. 文本数据预处理

文本数据预处理涉及文本清洗、分词、词干提取等步骤。文本数据中常常包含有噪声、特殊字符等干扰信息,通过清洗这些噪声,可以提高文本数据的质量。分词是将文本按照语义单位进行切割,将句子拆分成单个词语,为后续的分析和挖掘提供基础。词干提取则是将词语还原为其词干形式，减少词形的变化，从而降低维度和提高特征的一致性。

2.非结构化数据预处理

对于非结构化数据，如图像和音频等，预处理过程涉及图像压缩、音频特征提取等步骤。图像数据的压缩有助于降低数据的存储和传输成本，同时保持图像质量。音频数据的特征提取则包括对声音频率、振幅等特征的分析，以便将非结构化的音频信息转化为结构化的特征集，为后续处理提供基础。

在文本和非结构化数据预处理中，还涉及特征选择和降维的步骤。特征选择是通过评估每个特征对模型的贡献，选择对模型性能有显著影响的特征，以降低数据维度和提高模型的训练效率。降维则是通过将数据从高维空间映射到低维空间，保留数据主要特征，减少冗余信息，提高模型的泛化性能。

对于文本数据而言，还需进行文本编码处理。文本数据通常以自然语言存在，但计算机无法直接理解文本，因此需要将文本转化为计算机能够处理的数值形式。常见的文本编码方法包括词袋模型、TF-IDF等，这些编码方法将文本信息转化为向量形式，为机器学习算法提供输入。

在预处理过程中，处理异常值也是一个重要步骤。异常值可能是由于数据在采集过程中的错误或者异常情况引起的，如果不加以处理，可能会对模型的训练和预测产生不良影响。通过识别和处理异常值，可以提高数据的准确性和可信度。

对于大数据应用而言，预处理的效率也是一个重要的考虑因素。由于大数据规模庞大，传统的预处理方法可能会面临计算和存储资源的挑战。需要采用并行计算、分布式处理等技术手段，提高预处理的效率。在实际应用中，文本与非结构化数据的预处理是一个灵活而复杂的过程，需要根据具体的应用场景和数据特点进行调整和优化。有效的预处理能够提高数据的质量，为后续的分析、挖掘和建模提供可靠的基础，从而更好地发挥大数据的应用潜力。

（二）特征工程与数据降维

在大数据应用中，特征工程和数据降维是数据预处理的两个关键步骤，它们直接影响着后续的建模和分析结果。特征工程旨在提取、转换和选择数据中的关键特征，以便更好地反映问题的本质，而数据降维则旨在减少数据维度，提高建模效率和降低计算成本。

1. 特征工程

特征工程是数据科学中至关重要的一环，它包括一系列操作，如特征选择、特征提取、特征变换等。特征选择是通过选择最具信息量的特征，剔除冗余或无关的特征，从而提高模型的精度和泛化能力。常见的特征选择方法包括方差过滤、相关性分析、互信息等。特征提取是通过将原始特征组合或转换成新的特征，提高特征的表达能力。主成分分析（PCA）是一种常用的特征提取方法，通过线性变换将原始特征映射到新的正交特征空间。特征变换是通过对特征进行非线性变换，使得数据更符合模型的假设。使用对数、平方根变换等可以使数据更接近正态分布，有助于提高模型的性能。

2. 数据降维

数据降维旨在减少数据的维度，保留最重要的信息，同时尽量减小信息损失。降维的主要目的在于提高建模效率、减小存储空间需求以及避免维度灾难。降维方法可以分为线性降维和非线性降维两类。

线性降维方法主要包括主成分分析（PCA）和线性判别分析（LDA）。PCA 通过找到数据中方差最大的方向，将数据映射到新的正交特征空间，以减小数据的维度。LDA 则是一种监督学习的降维方法，通过找到能够最好地区分不同类别的方向，实现降维。非线性降维方法则主要包括 t- 分布邻近嵌入（t-SNE）、自编码器等。

t-SNE 是一种基于概率的降维方法，能够在保留数据局部结构的同时降低维度。自编码器是一种神经网络结构，通过学习数据的稀疏表示，实现非线性降维。在大数据应用中，由于数据量巨大，计算资源有限，数据降维变得尤为重要。通过对高维数据进行降维，不仅能够提高模型训练的效率，还可以防止模型过拟合，提高模型的泛化能力。在选择降维方法时，需要根据数据的性质和问题的需求来确定合适的方法，平衡维度的减小和信息的保留。

特征工程和数据降维是大数据应用中至关重要的步骤。通过精心设计的特征工程，可以提取出更具信息量的特征，有助于提高模型的预测性能。而通过合适的数据降维方法，可以在保留关键信息的同时减小计算负担，使得大数据应用更为高效和可行。在实际应用中，需要根据具体场景和问题的需求，选择合适的特征工程方法和数据降维技术，以实现更好的建模效果。

第四节 大数据分析与计算技术

一、机器学习在大数据分析中的应用

机器学习和深度学习是大数据应用中强大的工具，它们通过学习数据中的模式和规律，实现对未知数据的预测、分类、聚类等任务，为大数据应用提供丰富的分析和决策支持。

1. 机器学习应用

机器学习是一种通过利用数据，训练出模型，然后使用模型预测的方法。在大数据应用中，机器学习算法广泛应用于各个领域，包括自然语言处理、图像识别、推荐系统等。

监督学习是一种常见的机器学习范式，通过训练数据集中的已知输入和输出关系，学习模型的映射关系，从而对未知数据进行预测。决策树、支持向量机、随机森林等是常见的监督学习算法。而无监督学习则是通过学习数据的内在结构，实现对数据的聚类、降维等任务。聚类算法如 K 均值算法、层次聚类等，在大数据应用中发挥重要作用。

半监督学习和强化学习等新兴的学习方法也逐渐得到应用，丰富了机器学习的工具库。

2. 深度学习应用

深度学习是机器学习的一个分支，以神经网络为基础，具有更强大的表达能力和学习能力。深度学习在大数据应用中取得了显著成就。尤其在图像识别、自然语言处理等领域取得了令人瞩目的进展。深度学习的核心是多层次的神经网络结构，其中包括输入层、隐藏层和输出层。通过不断迭代优化网络参数，使得网络能够学到更复杂的特征和模式。卷积神经网络（CNN）、循环神经网络（RNN）、长短时记忆网络（LSTM）等是常见的深度学习网络结构。在大数据应用中，深度学习不仅能够处理大规模数据，还能够从数据中提取更高层次、更抽象的特征，提高模型的性能和泛化能力。

通过训练神经网络，实现对图像中物体、场景的准确识别。在医疗影像、

安防监控等领域，图像识别技术已经成为不可或缺的工具。利用机器学习和深度学习技术，实现对文本的语义分析、情感分析、命名实体识别等任务，在智能助手、机器翻译、信息检索等方面取得了显著成果。利用用户历史行为数据，通过机器学习算法预测用户的兴趣，从而为用户提供个性化的推荐，在电商、社交媒体等平台中广泛应用。通过监控用户行为、交易数据等，利用机器学习模型识别潜在的欺诈行为，在金融领域和电商平台中应用广泛。利用深度学习技术，对医学影像数据进行自动诊断，提高疾病检测的准确性，在医疗领域的影像诊断和病理学分析中发挥关键作用。通过历史数据的学习，建立预测模型，实现对未来趋势的预测，在供应链管理、交通优化等领域有着广泛应用。

在实际应用中，机器学习和深度学习往往与大数据技术相互结合。通过分布式计算、数据并行处理等手段，充分发挥大数据的处理和存储能力，提高模型训练和推理的效率。算法的选择、特征工程的设计以及模型的调优都需要根据具体业务场景和数据特点进行合理的选择和调整，以实现更好的应用效果。在大数据时代，机器学习和深度学习的广泛应用为各行各业带来了新的机遇和挑战，也推动着数据科学和人工智能领域的不断发展。

二、大数据计算技术

（一）大数据计算与处理

大数据计算与处理是在面对海量数据时的一种关键技术。在大数据应用场景下，计算和处理大数据的效率和能力直接决定了系统的性能和应用的实际效果。为了更好地应对大数据挑战，必须采用先进的计算和处理技术，以确保数据能够被高效地收集、存储、分析和应用。

1.大数据计算核心

大数据计算的核心在于分布式计算。由于传统计算机的计算能力和存储能力有限，难以处理海量数据，因此引入了分布式计算模型。分布式计算将任务分解成多个子任务，分配给多个计算节点进行并行处理。这种方式有效提高了计算效率，使得大规模数据的处理变得可行。分布式计算还能够通过增加计算节点来提高系统的扩展性，使其能够应对不断增长的数据规模。在大数据计算中，MapReduce 是一种常用的分布式计算模型。它通过将计算任务分为 Map 阶段和 Reduce 阶段，使得大规模数据能够被高效处理。Map 阶段负责将原始数据映射为键值对，而 Reduce 阶段则负责对键值对进行汇总和计算。通过这种分而治之的方式，MapReduce 实现了高效的大数据计算。

大数据计算还借助了图计算和流式计算等新兴技术。图计算主要用于处理图状数据结构，如社交网络、知识图谱等。它通过迭代计算图中的节点和边，实现了对复杂关系的深入分析。流式计算则是处理数据流，实现了对实时数据的即时处理。这对于需要实时决策和反馈的应用场景尤为重要，如金融交易监控、智能交通管理等。

2. 大数据计算处理应用

在大数据处理方面，分布式存储是关键技术之一。分布式存储系统能够将大规模数据分散存储在多个节点上，提高了数据的可靠性和可用性。Hadoop Distributed File System（HDFS）是一个常见的分布式存储系统，它将大文件分成多个块，存储在不同的计算节点上，实现了对大数据的高效存储和检索。大数据处理还包括数据清洗、转换和加载（ETL）等过程。在数据处理的初步阶段，需要对数据进行清洗，去除噪声、异常值和不一致性，以提高数据质量。

ETL 过程将数据从原始数据源抽取、转换成适合分析的形式，然后加载到目标系统中。这个过程保证了数据能够被有效地用于后续的分析和挖掘。大数据计算与处理还需要考虑计算资源的管理和优化。资源管理系统能够根据计算任务的需求动态调整计算节点的分配，以保障系统的性能。优化算法和技术也是大数据计算的重要组成部分，通过优化计算流程和算法，提高计算效率。

大数据计算与处理是大数据应用中的关键环节。通过采用分布式计算、图计算、流式计算等先进技术，结合分布式存储和资源管理优化，能够高效处理大规模的数据，为大数据应用的成功实施提供坚实的技术基础。在不断发展的大数据领域，对计算与处理技术的不断创新和完善，将进一步推动大数据的广泛应用和发展。

（二）高性能计算与优化策略

高性能计算基础是支撑大数据应用的关键之一。在面对大规模数据的处理和分析时，传统计算机系统的计算和存储能力往往难以满足需求。引入高性能计算技术成为应对海量数据挑战的有效手段。

1. 高性能计算策略

高性能计算通过提供更快、更强大的计算能力，使得大数据应用能够更加高效地进行处理、分析和挖掘。高性能计算系统的核心特点是并行计算。传统计算机系统依赖单个处理器执行任务,而高性能计算系统通过同时利用多个处理器或计算节点,实现对任务的并行执行。这种并行计算方式有效提高了计算速度和效率,使得大规模数据的处理变得可行。并行计算技术在高性能计算中发挥了关键作用。通过将任务拆分为多个子任务,分配给不同的处理单元,并行计算使得整个系统能够处理更大规模、更复杂的数据集。

在高性能计算中,采用了分布式存储技术。大规模数据通常无法完全存储在单个节点上,因此需要采用分布式存储系统来分散数据并保证数据的可靠性和可用性。这样的系统通过将数据分布存储在多个计算节点上,充分利用存储资源,提高了数据的处理效率。分布式存储系统也为高性能计算提供了必要支持,使得大规模数据的读写和检索成为可能。

高性能计算中涉及高速网络的应用。由于计算节点通常分布在不同的位置,高速网络能够提供节点之间更快速的数据传输速度,确保并行计算过程中的数据通信能够达到最佳效果。高速网络在高性能计算中扮演着关键的角色,为大规模数据的传输和协同计算提供了强有力的支持。

高性能计算系统通常采用专用的硬件架构,如图形处理单元(GPU)和多核处理器等。这些硬件在并行计算和大规模数据处理方面具有显著的优势。GPU在图像处理方面取得了很大成功,而在高性能计算中,GPU也被广泛应用于加速并行计算任务。多核处理器则通过将多个处理核心集成在一个芯片上,提高了计算能力和效率。

除了硬件层面外,高性能计算还涉及优化算法和并行编程模型。在大规模数据处理中,需要采用高效的算法来降低计算复杂度,提高计算效率。并行编程模型则是为了更好地利用多个处理单元,提高系统整体的并行度。这方面的技术不断发展,以适应不断增长的计算需求和日益复杂的大数据场景。

在实际应用中,高性能计算系统通常被用于科学计算、天气预报、基因组学、流体动力学等领域。这些领域通常需要处理大规模的数据和进行复杂的数值计算,而传统计算机系统已经无法满足这些需求。高性能计算通过其并行计算、分布式存储和专用硬件等特性,为这些领域提供了强大的计算能力和处理能力。高性能计算基础是大数据应用的关键组成部分。通过并行计算、分布式存储、高速网络和专用硬件的应用,高性能计算系统为大规模数据的处理提供了有力的支持。随着技术的不断发展和创新,高性能计算将继续在大数据应用中发挥重要作用，推动科学研究和技术创新的不断进步。

2.大数据优化策略

大规模数据存储与查询优化是在大数据应用中关键的技术领域，涵盖了数据的高效存储、快速检索以及查询性能的优化等方面。这方面的技术不仅关系到系统的性能和可扩展性，也直接影响到用户对数据的获取和分析效率。大规模数据存储的关键在于选择合适的存储技术。传统的关系型数据库在处理大规模数据时可能面临性能瓶颈，因此出现了许多适用于大数据的存储系统，比如分布式文件系统（如 Hadoop 的 HDFS）、NoSQL 数据库（如 MongoDB、Cassandra）等。这些系统采用分布式架构，能够满足海量数据的存储和访问需求。列式存储、压缩算法等技术也被广泛应用，以提高存储效率和降低存储成本。

数据分区和分片是大规模数据存储的重要策略。通过将数据分割成多个分区或分片，可以提高数据的并行处理能力，降低单一节点的负载，从而提高整体系统的性能。分区和分片的设计需要充分考虑数据的分布情况和查询的访问模式，以实现负载均衡和高效的数据访问。在大规模数据存储系统中，数据的索引也是优化性能的关键因素。传统数据库中的 B 树索引在大规模数据中可能会变得低效，因此一些新的索引结构如哈希索引、倒排索引等被引入。为了支持复杂的查询和分析，全文检索引擎和列存储索引等技术也被广泛应用。选择合适的索引策略可以显著提高查询效率，降低系统的响应时间。

对于大规模数据存储系统而言，数据的备份和恢复机制是保障数据安全性的重要环节。通过采用分布式备份和容错机制，可以防止因节点故障或数据丢失导致的信息损失。备份和恢复的策略需要根据数据的重要性和业务的需求来确定，以保证系统的可靠性和稳定性。

大规模数据存储的优化不仅包括对数据的存储，还需要对数据的查询进行优化。数据查询是用户从海量数据中提取有用信息的主要手段，因此查询性能的提升对于系统的实用性至关重要。为了实现高效的数据查询，一方面，需要优化查询语句的执行计划，通过合适的索引和查询优化器来减小查询的时间复杂度。另一方面，采用缓存技术、查询预编译等手段，以减少查询的响应时间。

分布式查询处理也是大规模数据存储中的一个重要方向。通过将查询任务分发到多个节点进行并行处理，可以提高查询的并发性和响应速度。MapReduce、Spark 等分布式计算框架被广泛用于大规模数据的分布式查询和分析。在设计分布式查询系统时，需要考虑数据的分布情况、节点之间的通信开销以及任务的调度策略，以实现高效的分布式查询。

　　大规模数据存储与查询优化是大数据应用中至关重要的技术领域。通过合理选择存储技术、采用分布式存储和查询策略、优化索引设计以及提高查询处理效率，可以在海量数据中快速有效地提取有用信息，为用户提供更优质的数据服务。在面对日益增长的大规模数据时，不断优化存储与查询系统，是确保大数据应用性能和可扩展性的关键。

第三章 大数据分析与挖掘方法

第一节 统计方法与数据分析

一、大数据统计方法

（一）统计基础与数据描述

统计基础与数据描述是大数据应用中至关重要的环节。通过对数据的统计分析和描述，可以揭示数据的基本特征、分布规律和相关关系，为后续的数据分析和决策提供基础支持。

1. 统计基础

统计基础是大数据分析的基石。统计学是一门研究数据收集、处理、分析和解释的学科，其方法和原理贯穿大数据应用的各个阶段。统计基础涵盖了描述统计、推断统计、概率论等多个方面的知识。描述统计主要用于对数据的整体特征进行概括，包括中心趋势（均值、中位数等）和离散程度（标准差、极差等）。推断统计通过样本数据对总体进行推断，包括假设检验、置信区间估计等方法。概率论是研究随机事件发生的规律性，为统计推断提供了理论基础。这些统计基础为大数据的深入分析提供了理论支撑。

2. 数据描述

数据描述是对大规模数据进行初步了解和概括的过程。在大数据应用中，数据量通常巨大，因此需要利用统计方法对数据进行简要的概括和描述。通过均值、中位数等指标来描述数据的集中程度，从而了解数据的整体倾向。通过标准差、四分位距等指标来描述数据的分散程度，从而了解数据的变异性。利用直方图、密度图等可视化手段，描述数据的分布形状，如是否对称、存在峰态等。通过相关系数等指标来描述不同变量之间的关联程度，有助于理解数据中的关联结构。通过箱线图、散点图等方法，识别和描述数据中的异常值，以便后续分析时的处理。在大数据应用中，由于数据量庞大，对数据进行全面描述可能会面临计算和存储的挑战。需要结合采样方法、分布式计算等技术手段，高效地进行数据描述。数据的多样性和异构性也需要考虑，不同类型的数据可能需要采用不同的描述方法。

通过统计基础和数据描述，我们能够深入了解大数据的特征和规律，为后续的数据分析提供基础。统计学的方法和原理不仅在数据科学领域有着广泛的应用，也在商业、医疗、科研等众多领域中发挥着重要作用。大数据时代，更加深入地理解和应用统计学原理，将有助于更好地挖掘数据的价值，为决策提供科学依据。

（二）统计推断与假设检验

统计推断与假设检验是大数据应用中的重要统计学工具，用于从样本中获取总体特征的估计和进行统计推断。通过这些方法，可以对大规模数据进行有效分析，从中获取有关总体特征的信息，同时进行科学的决策支持。

1. 统计推断

统计推断是从样本数据中得出关于总体特征的结论的过程。在大数据应用中，由于数据量庞大，很难对总体进行完全的观测，因此需要从样本数据中获取关于总体的信息。统计推断主要包括点估计和区间估计两个方面。点估计是通过样本数据估计总体参数的过程。可以通过样本均值估计总体均值，通过样本方差估计总体方差。点估计提供了对总体参数的单一数值估计，但不能告诉我们这个估计值的可信程度。区间估计是对总体参数范围的估计，它给出了一个区间，可以合理地认为总体参数在这个区间内。这为我们提供了更为全面的信息，使我们能够了解估计的不确定性。

2. 假设检验

假设检验是统计学中的一种方法，用于对关于总体的某些假设进行检验。在大数据应用中，假设检验可以帮助我们判断某个假设是否成立，从而进行相应的决策。比较计算得到的统计量与拒绝域的临界值，从而决定是否拒绝原假设。假设检验的功效是指在总体参数真实值为备择假设所指定的值时，拒绝原假设的概率。

P 值是假设检验中的一个重要指标，它表示在原假设成立的情况下，观察到样本数据或更极端情况发生的概率。P 值小于显著性水平时，我们通常会拒绝原假设。在大数据应用中，由于数据量大，可以通过大样本的优势来增加统计推断的准确性。假设检验的结果也需要谨慎解释，特别是要考虑到多重假设检验的问题，以避免过度解读。

统计推断与假设检验是大数据应用中重要的分析工具。通过这些方法，能够从样本中获取关于总体的信息，进行科学的假设检验，从而为决策提供有力支持。在实际应用中，需要根据问题的背景和数据的特点选择适当的统计方法，并注意对结果的解释和推断的合理性。

二、数据分析

（一）大数据探索性分析

大数据探索性分析是一种重要的数据分析方法，它旨在通过对大规模数据的初步探查，揭示数据中的模式、关联和趋势，为后续深入分析和决策提供基础。在大数据应用中，探索性分析成为理解和挖掘海量数据背后信息的关键手段。探索性分析的核心思想是通过多维度的数据展示和统计方法，深入挖掘数据中的内在规律。

通过数据可视化技术，如散点图、直方图、箱线图等，将大数据呈现在可视化图形中，帮助分析人员直观地感知数据的分布和特征。这种可视化手段有助于在复杂的数据集中发现潜在的关联和异常。在探索性分析中，常常使用的统计量包括均值、中位数、标准差等，这些统计量能够帮助分析人员对数据的集中趋势和离散程度有更深入的了解。通过对数据的统计描述，可以初步判断数据的分布特征，识别是否存在异常值，为后续的数据清理和预处理提供参考。

关联分析是大数据探索性分析中的一项重要内容。通过关联分析，可以发现数据中的关联规律，揭示不同变量之间的相关性。关联分析的典型应用是在购物篮分析中，发现商品之间的关联关系，为推荐系统提供支持。在大数据中，关联分析也可应用于发现变量之间的潜在关联，为决策提供更多信息。

聚类分析是另一种常用的探索性分析方法。通过对数据进行聚类，将相似的数据点分组在一起，帮助发现数据集中的内在结构。聚类分析可用于客户分群、市场细分等领域，为精细化的运营和决策提供基础。

时间序列分析也是大数据探索性分析中的一项关键任务。通过对时间序列数据进行分析，可以揭示数据随时间的变化规律，预测未来的趋势。在金融领域，时间序列分析被广泛应用于股市预测和风险管理。

探索性分析还包括对数据的维度约简和降维分析。通过主成分分析等降维方法，可以将原始高维数据映射到低维空间，保留主要信息的同时减少数据的复杂度，为后续分析提供更高效的数据基础。

在大数据探索性分析中，面对海量数据，分布式计算和大规模计算框架成为保障分析效率的技术支持。通过 MapReduce 等技术，可以将数据分散处理，加速探索性分析的计算过程，提高分析的效率和可扩展性。

大数据探索性分析是理解和挖掘海量数据的关键步骤。通过可视化手段、统计描述、关联分析、聚类分析、时间序列分析等多种方法，可以深入挖掘大数据中的信息，揭示数据的内在规律和趋势。这为企业、科研机构和决策者提供了更为全面和准确的数据基础，有助于制定科学合理的决策和战略。大数据时代，探索性分析将继续发挥重要作用，促进数据驱动决策的实现。

（二）回归分析与预测建模

线性回归和非线性回归是统计学和机器学习中常用的回归分析方法，它们在大数据应用中发挥着重要的作用。

1. 线性回归与非线性回归分析

线性回归是一种基于线性关系建模的方法，而非线性回归则考虑更为复杂的非线性关系，两者都在不同场景中展现了强大的适应性和预测能力。线性回归是一种建立自变量与因变量之间线性关系的方法。在大数据应用中，线性回归常常用于分析变量之间的线性相关性。通过拟合一条直线，最小化观测值与预测值之间的差异。线性回归的模型假设因变量和自变量之间存在线性关系，即变量之间的关系可以通过直线来近似表示。这种简单而直观的模型使得线性回归在大规模数据集上的计算效率相对较高。

在实际应用中，数据往往呈现出更为复杂的关系，不局限于线性关系。这时候，非线性回归成为一种更为灵活的建模方法。非线性回归通过引入非线性项或通过变换变量，能够更好地拟合数据中的非线性关系。在大数据应用中，非线性回归可以更精准地捕捉到因变量和自变量之间的复杂关系，提高模型的拟合度和预测精度。在实际应用中，非线性回归的形式多种多样，可以是多项式回归、指数回归、对数回归等。多项式回归通过引入多项式项，能够更灵活地适应曲线关系。指数回归适用于变量之间呈现指数增长或衰减的关系。对数回归则可用于处理因变量或自变量的对数关系。这些非线性回归方法使得模型能够更好地适应实际数据的变化规律。

对于大规模数据集，线性回归和非线性回归的选择需要综合考虑计算效率和模型复杂度。线性回归由于其简单的形式，通常在大数据场景下计算较为迅速，适用于数据量庞大但模式相对简单的情况。而对于更为复杂、非线性的数据模式，非线性回归则能够更好地拟合实际情况，提高模型的预测精度。在实际应用中，线性回归和非线性回归常常结合使用，构建复合模型。这种组合模型能够综合考虑线性和非线性关系，更全面地解释数据的特征。通过适当的特征工程和模型组合，可以更好地应对大规模数据集中的复杂关系，提高模型的鲁棒性。

线性回归和非线性回归在大数据应用中都有其独特的优势。线性回归简单直观，计算效率高，适用于相对简单的数据关系；而非线性回归则更灵活，能够更好地拟合更为复杂的数据模式，提高模型的泛化能力。在实际应用中，根据具体问题和数据特点的不同，选择合适的回归方法或其组合，是充分发挥大数据潜力的关键一步。

2. 分析预测建模应用

预测建模与机器学习在大数据应用中扮演着至关重要的角色。通过从大规模数据中学习规律和模式，实现对未来事件的预测。这一过程旨在建立能够从历史数据中学到规律并推广到新数据的模型，为决策提供科学依据。预测建模的关键在于模型的构建。在大数据应用中，模型的选择通常依赖具体问题和数据的特点。传统的统计模型如线性回归、逻辑回归等在某些场景下仍然有用，但随着数据规模的增大，机器学习方法逐渐崭露头角。机器学习模型包括监督学习、无监督学习和半监督学习等多个范式，如决策树、支持向量机、神经网络等。这些模型能够更好地处理大规模、高维度的数据，具有更强的泛化能力。

特征工程是预测建模过程中的重要环节。特征工程涉及对原始数据进行处理，提取和构造对模型有意义的特征。在大数据背景下，特征的维度可能很高，因此需要采用合适的降维技术，如主成分分析、奇异值分解等，以减少计算复杂度和提高模型效果。特征工程的好坏直接影响模型的性能，因此需要结合领域知识和实际数据情况进行巧妙设计。

机器学习模型的训练是预测建模中的核心步骤。通过使用大规模的历史数据，模型能够从中学到数据的分布和规律。在训练过程中，模型通过调整参数，逐渐提高对数据的拟合能力。在大数据应用中，分布式计算和并行处理等技术手段能够加速模型的训练过程，提高效率。模型的选择和调优也是关键的任务，需要在训练集和验证集上进行有效的评估。在模型训练完成后，模型需要经过验证和测试，以评估其性能和泛化能力。验证集用于调整模型的超参数，测试集则用于评估模型在新数据上的表现。在大数据应用中，由于数据量庞大，需要谨慎划分训练集、验证集和测试集，以确保评估结果的准确性。模型的应用是预测建模的实际价值所在。通过对新数据的预测，模型能够为决策提供支持。

在大数据应用中，模型的实时性和可扩展性是考虑的重要因素。实时性要求模型能够快速响应新数据的预测需求，而可扩展性则要求模型能够适应不断增长的数据规模。

预测建模与机器学习在大数据应用中是一项复杂而关键的任务。通过合理选择模型、精心设计特征工程、高效进行模型训练和优化，并在实际应用中充分考虑实时性和可扩展性，能够充分发挥模型的预测能力，为数据驱动的决策提供有力支持。

第二节　机器学习与深度学习在大数据中的应用

一、机器学习在大数据中的应用

（一）机器学习基础与算法

机器学习基础与算法在大数据应用中发挥着关键作用。通过对大规模数据的学习和模式识别，实现对未知数据的预测、分类、聚类等任务。

这一领域涵盖了多个核心概念和算法，为数据科学家和工程师提供了强大的工具来挖掘数据的潜在信息。

1. 机器学习的基础

机器学习的基础包括监督学习、无监督学习和强化学习等多个范式。在监督学习中，模型通过学习输入与输出之间的映射关系，实现对新数据的预测。

典型的监督学习算法包括决策树、支持向量机、神经网络等。无监督学习则通过学习数据的内在结构，实现对数据的聚类、降维等任务，常见的算法有K均值聚类、主成分分析等。强化学习是一种通过智能体与环境的交互学习最优策略的方法，应用于诸如游戏、自动驾驶等领域。

2.机器学习算数的方法

决策树是一种直观且易于理解的监督学习算法。它通过对数据的逐步划分，构建一个树状结构，使模型能够对新数据进行分类。决策树算法具有很好的解释性，适用于分类和回归任务。为了避免过拟合，通常需要进行剪枝操作。支持向量机（SVM）是一种强大的监督学习算法，主要用于分类和回归任务。它通过找到能够将不同类别数据分隔开的超平面，实现对新数据的分类。SVM在高维空间中表现出色，对于非线性问题还可以使用核函数进行处理。神经网络是一类受到生物神经系统启发的模型，具有强大的学习能力。深度学习是神经网络的一种特殊形式，通过多层次的网络结构学习数据的高阶特征。深度学习在图像识别、自然语言处理等领域取得了显著的成就。K均值聚类是一种常见的无监督学习算法，用于将数据集划分为K个簇。该算法通过迭代优化簇的中心，使得每个数据点归属于离其最近的簇。K均值聚类对于数据集没有先验标签时特别有用，但对簇的个数K需要预先指定。主成分分析（PCA）是一种常用的降维算法，通过找到数据中最重要的方向（主成分），实现对数据维度的减少。PCA可以帮助减少数据的冗余性，提高模型的计算效率。

在大数据应用中，由于数据规模庞大，常常需要考虑分布式计算和并行处理等技术手段，以加速模型的训练和推理过程。算法的选择和调参也需要结合具体问题和数据特点，以达到更好的性能。机器学习基础与算法为大数据应用提供了丰富的工具和方法。了解这些基础概念和算法，能够帮助从业者更好地理解数据，构建有效模型，实现对大规模数据的深入分析。

（二）大规模机器学习与模型部署

大规模机器学习与模型部署是在大数据应用中关键的两个环节，涉及从庞大数据中提取知识和将训练好的模型应用到实际场景的过程。这两个环节相互交织，共同构成了数据科学和机器学习在现代应用中的核心。

1.大规模机器学习的定义

大规模机器学习是指在海量数据背景下进行的机器学习任务。由于数据规模庞大，传统的机器学习算法和计算方法可能面临性能瓶颈。大规模机器学习通常需要利用分布式计算、并行计算等技术，以加速模型训练的过程。分布式机器学习框架如 Apache Spark MLlib、TensorFlow 等应运而生，为大规模数据的高效处理和模型训练提供了支持。

大规模机器学习还涉及数据的存储和管理，需要考虑数据的分布式存储、数据预处理等环节，以便更好地适应海量数据的特点。模型部署是将训练好的机器学习模型应用到实际场景的过程。模型部署的目标是使模型能够在生产环境中实现实时的、高效的预测。在大数据应用中，模型部署需要考虑多个方面的问题。在某些场景下，模型需要实时地响应输入数据并进行预测。

2. 模型部署的应用

模型部署需要保证模型在生产环境中的计算速度和响应时间。由于大数据应用通常涉及大量数据，模型部署需要考虑系统的可扩展性，以应对数据规模的增长。在大规模的分布式系统中，故障是难以避免的。模型部署需要考虑容错机制，确保系统能够在部分组件发生故障时仍能够正常运行。

由于模型可能涉及敏感信息，模型部署需要考虑数据隐私和模型安全的问题，采取适当的安全措施。部署后的模型需要进行监控，以便及时发现模型性能下降或出现异常。模型的维护也是必要的，包括定期更新模型、重新训练以适应新数据等。为了更好地实现模型的部署，容器化技术（如 Docker）和容器编排工具（如 Kubernetes）成为部署的重要手段。这些工具可以帮助将机器学习模型和相关服务打包成容器，实现快速部署和灵活扩展。

大规模机器学习与模型部署是大数据应用中不可或缺的环节。通过充分利用分布式计算、容器化技术等手段，可以更好地适应大规模数据和实时性要求。模型部署需要综合考虑实际应用场景的需求，保证模型在生产环境中稳定、高效地运行。这两个环节的协同工作，将大数据和机器学习的优势发挥到极致，为各行各业带来更多创新和效益。

二、深度学习在大数据中的应用

（一）深度学习基础和神经网络

深度学习基础和神经网络构成了现代大数据应用中的重要组成部分。深度学习是一种通过多层次的神经网络模型来进行学习和表示数据的机器学习方法。

神经网络是深度学习的基本组件，通过多个神经元层次的连接和权重调整，实现对复杂数据模式的学习和预测。深度学习的基础在于神经网络的构建。神经网络是受到人脑神经元结构启发而设计的模型，其基本单元是神经元。神经元通过接收输入、应用权重、进行激活函数处理，产生输出。

多个神经元通过连接构成神经网络，形成输入层、隐藏层和输出层的结构。这种层次结构的设计使得神经网络能够逐层提取和学习数据的抽象特征，实现对复杂问题的建模。在神经网络中，深度学习的关键在于多层次的网络结构。深度学习模型通常包含多个隐藏层，这使得神经网络能够更好地适应复杂的数据模式。通过层层堆叠，神经网络可以自动学习数据中的特征，从而实现对数据的高层次表示和理解。

深度学习中的权重参数通过反向传播算法进行调整，以最小化模型对训练数据的预测误差，进一步提高模型的泛化能力。卷积神经网络（CNN）是深度学习中的一种重要架构，广泛应用于图像处理和计算机视觉领域。CNN通过卷积层和池化层的组合，实现对图像中的局部特征提取和抽象。这种结构使得CNN能够有效处理具有空间相关性的数据，提高了图像识别和分类的性能。

循环神经网络（RNN）是另一种常见的深度学习结构，主要用于处理序列数据。RNN具有记忆功能，能够记忆过去的信息，这使得它在处理时序数据、自然语言处理等任务中表现出色。由于传统RNN存在梯度消失和梯度爆炸等问题，近年来更先进的结构如长短时记忆网络（LSTM）和门控循环单元（GRU）得到广泛应用，有效解决了这些问题。在大数据应用中，深度学习的优势在于它能够处理海量、高维度的数据，通过自动学习数据中的特征，无需手工设计特征工程。这使得深度学习在图像识别、语音识别、自然语言处理等领域取得了显著成果。深度学习的模型具有强大的表达能力，能够更好地适应不同领域的数据分布，提高模型的泛化能力。

深度学习也面临一些挑战，如训练数据需求大、模型参数调整困难等。对于大规模数据集，深度学习模型通常需要更多的计算资源和时间进行训练。深度学习模型的复杂性和参数量较大，需要仔细调整超参数和进行模型选择，以避免过拟合和提高模型性能。

深度学习基础和神经网络构成了现代大数据应用中的核心技术。通过多层次的神经网络结构，深度学习能够自动学习数据中的特征，实现对复杂模式的建模和预测。在不断发展的大数据时代，深度学习将继续在各个领域发挥重要作用，推动科技和工程的不断创新。

二、深度学习在大数据中的应用

（一）数据分析和模式识别

处理大规模、高维度的数据是数字时代面临的重要挑战之一。深度学习作为人工智能的一个分支，在大数据处理中发挥着重要作用。深度学习通过构建多层次的神经网络结构，能够有效处理大规模、高维度的数据，提取数据中的关键特征，并实现复杂的数据分析和预测任务。

深度学习在图像识别和语音识别等领域的应用已经取得了显著成果。图像和语音数据通常具有大规模和高维度的特点，传统的机器学习方法往往难以处理这种类型的数据。而深度学习通过构建深层次的卷积神经网络和递归神经网络等结构，能够有效提取图像和语音数据中的特征信息，实现精准的识别和分类。

深度学习在自然语言处理领域也有着重要的应用。自然语言数据通常具有复杂的结构和高度的抽象性，传统的统计方法往往难以处理这种类型的数据。而深度学习通过构建深度神经网络结构，能够对文本数据进行自动提取和分析，实现文本分类、情感分析、机器翻译等任务，为自然语言处理领域带来重大突破。

深度学习还在推荐系统、金融风控、医疗诊断等领域展现出强大的能力。在推荐系统中，深度学习能够通过分析用户行为和偏好，实现个性化的推荐服务；在金融风控中，深度学习能够通过分析大量的金融数据，识别风险事件并及时预警；在医疗诊断中，深度学习能够通过分析医学影像和临床数据，实现疾病诊断和治疗规划。

例如，卷积神经网络（CNN）是一种深度学习模型，已经在大数据领域得到广泛应用。CNN能够有效地处理大规模数据集，并从中提取特征，以实现各种任务的自动化和优化。其主要应用包括图像识别、语音识别、自然语言处理等领域。在图像识别方面，CNN可以通过学习图像中的特征，识别出图像中的对象和场景，实现图像分类、检测和分割。在语音识别方面，CNN可以将声音波形转换成语音文本，实现语音识别和语音翻译等任务。在自然语言处理方面，CNN可以通过学习文本中的语义和语法信息，实现文本分类、情感分析和机器翻译等任务。CNN在大数据领域的应用已经取得了显著成果，并在不断推动着人工智能技术的发展和应用。

（二）预测和优化

深度学习在大数据中的应用主要体现在预测和优化方面。预测是指通过对历史数据进行分析和学习，预测未来事件的发生趋势和可能结果。优化是指通过对数据进行深入分析和处理，找到最优解或最佳决策方案，提高系统的效率和性能。

深度学习在预测方面发挥着重要作用。通过建立深度神经网络模型，深度学习能够对大规模、高维度的数据进行有效的学习和拟合，实现对未来事件的预测。例如，在金融领域，深度学习可以通过分析历史股票价格数据，预测未来股票价格的走势；在气象领域，深度学习可以通过分析历史气象数据，预测未来天气的变化趋势。

深度学习在优化方面也具有重要意义。通过建立深度神经网络模型，并结合优化算法，深度学习可以对复杂系统进行有效优化，找到系统的最优解或最佳决策方案。例如，在生产制造领域，深度学习可以通过分析生产过程中的大量数据，优化生产流程和工艺参数，提高生产效率和产品质量；在交通运输领域，深度学习可以通过分析交通数据，优化交通信号控制和路线规划，提高交通运输系统的效率和安全性。

深度学习还可以在医疗诊断、市场营销、客户服务等领域发挥重要作用。在医疗诊断方面，深度学习可以通过分析医学影像和临床数据，辅助医生进行疾病诊断和治疗规划；在市场营销方面，深度学习可以通过分析用户行为和偏好，优化营销策略和推广活动，提高市场营销效果；在客户服务方面，深度学习可以通过分析用户反馈和需求，优化产品和服务设计，提高客户满意度和忠诚度。

深度学习在大数据中的应用主要体现在预测和优化方面。通过建立深度神经网络模型，深度学习能够实现对未来事件的准确预测，并结合优化算法，找到系统的最优解或最佳决策方案，为各个领域的发展和进步提供有力支持。

第三节 大数据挖掘算法与工具

一、大数据挖掘算法

（一）技术和方法

1. 数据可视化

数据可视化是一种将大数据转化为可视化图表和图形的技术，通过这种方式呈现数据的模式、趋势和关联。大数据挖掘则是指通过分析大规模数据集，发现其中的隐藏模式、关系和趋势，从而提取有价值的信息和见解。

数据可视化是大数据挖掘过程中的关键环节之一。通过可视化展现大数据的特征和规律，可以帮助人们更直观地理解数据，发现其中的潜在规律。数据可视化技术包括折线图、柱状图、散点图、热力图等多种形式，每种形式都有其适用的场景和特点。通过这些图表和图形，人们可以迅速捕捉到数据中的重要信息，辅助决策和问题解决过程。

大数据挖掘则是在数据可视化的基础上，通过各种算法和技术对大规模数据进行深入分析。大数据挖掘的过程包括数据预处理、模式发现、特征选择、模型构建和评估等多个阶段。在这个过程中，数据科学家和分析师运用统计学、机器学习、数据挖掘等方法，挖掘出数据中的潜在模式和关联，为业务决策和战略规划提供支持。

数据可视化和大数据挖掘的结合，为人们提供了一种强大的工具，帮助人们更好地理解和利用大数据。通过可视化呈现，可以直观地感知数据的特征和规律；而通过数据挖掘分析，又可以深入挖掘数据中的潜在信息。这种结合为各行各业的决策者和分析师提供了更全面、更深入的数据洞察，有助于做出更明智的决策和战略规划。

2. 常用的算法

在大数据挖掘领域，常用的算法有很多种类，它们可以帮助分析和提取海量数据中的有用信息。其中一种常见的算法是关联规则挖掘算法，它用于发现数据中项之间的相关性和频繁出现的模式。另一种常见的算法是聚类算法，它用于将数据分组成具有相似特征的集合，以便进一步分析。分类算法也是大数据挖掘中常用的算法之一，它用于将数据分为不同的类别或标签，以便进行预测和分类。

在实际应用中，大数据挖掘算法通常需要与大规模并行计算技术结合使用，以便处理海量数据并提高计算效率。例如，MapReduce 是一种常用的并行计算框架，它可以将数据分布式处理，并将结果合并成最终的输出。Spark 是另一种常用的大数据处理框架，它支持内存计算和更复杂的数据流处理，适用于更广泛的应用场景。

除了算法和计算框架外，大数据挖掘还涉及数据预处理、特征工程、模型评估等多个环节。数据预处理包括数据清洗、缺失值处理、异常值检测等，旨在提高数据质量和准确性。特征工程则涉及从原始数据中提取有效的特征，以便用于建模和分析。模型评估则是评估挖掘模型的性能和准确度，以确定其在实际应用中的有效性。

大数据挖掘是一项复杂的工作，涉及多种算法、技术和方法。通过合理选择算法和技术，并结合有效的数据处理和特征工程方法，可以更好地挖掘和利用海量数据中隐藏的信息和规律，为决策和应用提供支持和指导。

（二）挑战和机遇

大数据挖掘是指从大规模数据集中提取出有价值的信息和知识的过程。在当今数字化时代，随着数据量不断增加和数据处理技术的不断发展，大数据挖掘面临着巨大的挑战和机遇。

挑战之一是数据的规模和复杂性。随着互联网、物联网和社交媒体等数字化平台的普及，数据量呈指数级增长。大规模的数据集包含了海量信息，但其中可能存在着大量的噪音和冗余，这增加了数据挖掘的难度。此外，数据的多样性和复杂性也增加了挖掘过程中的计算和算法的复杂度。

数据的质量和可信度是另一个挑战。在大数据挖掘过程中，数据质量的好坏直接影响到挖掘结果的准确性和可信度。由于数据来源的多样性和数据收集过程中可能存在的错误，数据质量问题经常会成为挖掘过程中的一个难题。数据清洗、去重和验证成为大数据挖掘中不可或缺的步骤。

隐私和安全问题也是大数据挖掘面临的挑战之一。随着个人信息的数字化和数据交换的增加，数据安全和隐私保护变得尤为重要。在挖掘数据时必须确保对个人敏感信息的保护，以防止数据泄露和滥用。

尽管面临诸多挑战，大数据挖掘也带来了巨大机遇。大数据挖掘可以帮助企业发现隐藏在数据背后的商业价值和洞察。通过分析大规模数据集，企业可以更好地理解市场需求、客户行为和产品趋势，从而优化业务决策和提升竞争优势。

大数据挖掘为科学研究和社会发展提供了新的思路和方法。在医疗、环境、交通等领域，大数据挖掘可以帮助科研人员发现新的规律和解决复杂的问题，为社会提供更好的服务和解决方案。

大数据挖掘还促进了数据驱动的创新和发展。通过挖掘和分析数据，人们可以发现新的商业模式、产品和服务，推动产业升级和创新发展。

虽然大数据挖掘面临着诸多挑战，但也蕴藏着巨大的机遇。随着技术的不断发展和应用的深入，大数据挖掘将继续发挥重要的作用，推动社会经济的持续发展和进步。

二、大数据分类与回归算法

（一）大数据分类算法

1. 朴素贝叶斯分类器

朴素贝叶斯分类器是一种基于概率统计的分类算法，它通过计算输入数据在给定类别下的条件概率来进行分类。该算法的基本思想是基于贝叶斯定理，即利用先验概率和样本数据估计后验概率，然后根据最大后验概率原则进行分类。

对于大数据分类而言，朴素贝叶斯分类器具有一定的优势和适用性。由于朴素贝叶斯分类器假设属性之间相互独立，因此在处理大规模数据时，算法的计算复杂度相对较低，能够快速有效地进行分类。朴素贝叶斯分类器对于高维数据具有较好的适应性，可以处理包含大量属性的数据集，适用于大规模特征空间的分类问题。

朴素贝叶斯分类器在处理大数据时能够较好地处理噪音和缺失值的情况。由于该算法基于概率统计，对于数据中的不完整或不准确的信息具有一定的容错性，能够在一定程度上保持分类的准确性。即使在数据质量较差或数据规模较大的情况下，朴素贝叶斯分类器仍然能够表现出良好的分类性能。

朴素贝叶斯分类器还具有较好的可解释性和通用性。该算法基于简单的概率模型，易于理解和实现，能够直观地解释分类结果的原因。朴素贝叶斯分类器不依赖特定的数据分布假设，适用于各种类型的数据，具有较好的通用性和灵活性。

2. 决策树与集成学习

决策树和集成学习是常用于大数据分类的算法。决策树算法是一种基于树形结构的分类方法。通过对数据集的特征进行分割，逐步构建决策树模型。在决策树模型中，每个节点代表一个特征，每条边代表特征值之间的关系，通过一系列的决策节点将数据分类到不同的叶子节点中。决策树算法的优点是易于理解和解释，对于大规模数据集也能够有效处理。

与决策树不同，集成学习是一种将多个分类器组合起来进行分类的方法。集成学习包括了多种算法，如随机森林（Random Forest）、自适应提升（AdaBoost）、梯度提升（Gradient Boosting）等。这些算法通过训练多个基分类器，并结合它们的预测结果来提高整体分类性能。集成学习的优势在于可以降低单个分类器的过拟合风险，提高分类的准确性和稳定性。

决策树算法和集成学习算法在大数据分类中都具有重要作用。决策树算法适用于数据特征较为清晰、规模不是特别庞大的情况，可以快速构建简单易懂的分类模型。而集成学习算法则更适用于复杂的数据集和高维特征空间，通过结合多个分类器的优势，提高了整体分类性能。

（二）大数据回归算法

1. 决策树回归

决策树回归是一种常用的大数据回归算法，它通过构建树状结构来预测连续型的目标变量。这种算法的核心思想是将数据分割成不同的子集，并在每个子集上拟合一个简单的线性模型，从而得到整体的预测模型。在构建决策树时，算法会根据数据的特征选择最优的分割点，以使得每个子集的目标变量的均值最接近于真实值。

决策树回归算法的优点之一是它的可解释性强，可以清晰地展示出不同特征对目标变量的影响程度。决策树算法也适用于处理大规模数据，因为它可以并行处理不同的数据子集，并且在构建树的过程中可以有效地减少计算量。

决策树回归算法也存在一些局限性。例如，它容易过拟合训练数据，特别是在处理高维度数据时。为了缓解过拟合问题，可以采用剪枝等技术降低模型复杂度。决策树算法对于数据中噪声和异常值较为敏感，因此在使用时需要进行数据清洗和异常值处理等预处理步骤。

2. 线性回归

线性回归是一种经典的统计学方法，用于建立变量之间的线性关系模型。在大数据环境下，线性回归算法扮演着重要角色。它适用于分析大规模数据集中的变量之间的线性关系，并可用于预测或解释目标变量的变化。通过拟合数据点到一个线性模型，线性回归可以提供对数据中趋势和关系的洞察。

线性回归算法的核心是利用最小二乘法估计线性模型的参数。在大数据回归中，由于数据量庞大，采用了优化算法来加速参数估计的过程，如随机梯度下降等。这些算法可以高效地处理大规模数据集，从而加快了模型拟合的速度。

另一个在大数据环境下重要的特点是对模型的评估和验证。由于数据规模庞大，传统的评估方法可能会受到计算资源和时间的限制。通常采用分布式计算和交叉验证等技术来进行模型的评估和验证，以确保模型的准确性和稳健性。

在大数据回归中，数据的特征选择也是一个重要问题。由于数据维度高和特征数量大，选择合适的特征对于建立准确的回归模型至关重要。通常采用自动特征选择和降维技术来减少特征空间，提高模型的泛化能力。

线性回归算法在大数据环境下的应用范围广泛。它可以用于金融领域的股票价格预测、销售预测等，也可以用于医疗领域的疾病预测、药物疗效评估等。通过分析大规模数据集中的线性关系，线性回归算法可以为决策提供重要参考，促进各个领域的发展和进步。

第四节 文本挖掘与情感分析

一、文本挖掘在大数据中的应用

（一）文本挖掘基础与文本预处理

文本挖掘基础与文本预处理是大数据应用中关键的技术环节，它们通过对海量文本数据的分析与处理，帮助用户从文本中提取有价值的信息、发现潜在的知识，并为各种应用场景提供支持。

1. 文本挖掘基础

文本挖掘基础涉及多个关键任务,其中包括文本分类、实体识别、情感分析、主题模型等。文本分类是将文本划分到预定义的类别中的任务,常见于垃圾邮件过滤、新闻分类等场景。实体识别是从文本中抽取出具有特定意义的实体,如人名、地名等。情感分析旨在分析文本中的情感倾向,判断其是正面、负面还是中性。主题模型则从文本中挖掘出隐含的主题结构,揭示文本数据的内在规律。这些任务的完成对于深入理解文本数据、发现隐藏信息具有重要意义。在文本挖掘前期,文本预处理是不可或缺的步骤。

文本数据的复杂性和多样性使得预处理成为一个具有挑战性的任务。文本挖掘任务通常需要将文本表示为计算机能够处理的向量形式。常见的方法包括词袋模型(Bag of Words)和词嵌入(Word Embedding)。词袋模型将文本看作是词语的无序集合,通过统计每个词在文本中出现的次数来表示文本。词嵌入则是将词语映射到一个低维稠密向量空间,捕捉词语之间的语义关系。

2. 文本挖掘与文本预处理

文本挖掘中的文本预处理任务并非一成不变,而是需要根据具体的应用场景和任务需求进行调整。不同的预处理方法可能对不同的文本挖掘任务产生不同的效果。在大数据应用中,由于数据规模庞大,通常需要借助分布式计算和并行处理等技术,以提高文本挖掘的效率。分布式计算框架如 Apache Spark 和 Hadoop 被广泛用于大规模文本数据的处理与分析,加速了分词、停用词过滤等预处理步骤的执行。

文本挖掘基础与文本预处理是大数据应用中的关键环节。通过这些技术,可以从海量文本数据中提取出有用的信息和知识,为各种领域的决策和创新提供支持。在面对不同的文本挖掘任务时,合理选择和优化预处理方法将对后续分析任务的成功实施产生积极的影响。

(二)文本分类与特征表示

在大数据应用中,文本分类与特征表示是至关重要的组成部分。文本分类通过对文本进行自动分类,帮助人们更有效处理和理解海量的信息。特征表示是将文本转化为计算机能够理解的形式,为后续的分类任务提供基础。这两个方面的研究对于深入挖掘大数据中的信息,提升数据处理的效率和准确性具有不可忽视的意义。

文本分类的核心在于从文本中提取有用的信息,实现自动化的分类过程。通过挖掘文本中的关键信息,文本分类系统能够自动为文本赋予相应的类别,帮助人们更快速地理解文本的内容。

在大数据环境下,文本分类的挑战在于处理海量的文本数据,需要高效的算法和模型来应对数据的规模和复杂性。由于文本数据的多样性和复杂性,如何有效地表示文本特征成为一个关键问题。

传统的方法包括词袋模型和 TF-IDF 等,但这些方法在面对大规模文本数据时可能存在维度灾难和信息损失的问题。近年来,基于深度学习的方法逐渐崭露头角,通过词嵌入等技术实现更高效的特征表示,提升文本分类的性能。

在大数据环境下,文本分类与特征表示的研究面临着更多的挑战和机遇。随着数据规模的扩大,需要设计更加高效的算法和模型,以适应海量文本数据的处理需求。多模态数据的出现使得文本分类系统不仅需要考虑文本本身的特征,还需要融合其他数据源的信息,实现更全面的分类。

文本分类与特征表示在大数据应用中的作用不可忽视。通过挖掘文本中的信息并将其转化为计算机可处理的形式,这两个方面的研究为人们更好地理解和利用大数据提供了重要的技术支持。随着大数据技术的不断发展,文本分类与特征表示的研究将继续深入,为更加智能、高效的大数据应用提供更强大的支持。

二、情感分析在大数据中的应用

(一)情感分析和主题建模

1. 情感分析和主题建模的关系

在大数据应用中,情感分析和主题建模是两个关键的研究方向。情感分析旨在识别文本中的情感倾向,帮助我们深入理解人们在社交媒体、评论和其他文本数据中表达的情感色彩。主题建模则旨在从大规模文本数据中挖掘隐藏的主题结构,使我们能够更全面地理解文本数据的内在组织和关联。情感分析的意义在于从海量文本中抽取情感信息,以洞察人们的情感状态和观点。

通过分析情感信息,我们可以更好地理解社会舆论、产品评价和用户反馈,从而做出更为精准的决策。在大数据环境下,情感分析的挑战主要在于处理文本数据的多样性和复杂性,需要设计能够有效处理大规模数据的算法和模型,以提高情感分析的准确性和效率。主题建模通过对大量文本数据进行深度分析，寻找其中隐藏的主题结构。这使得我们能够从数据中提取潜在的知识，发现不同文本之间的关联性，以及文本数据中存在的内在规律。在大数据背景下，主题建模的挑战主要在于如何处理高维度、高复杂度的文本数据，以及如何在海量数据中有效发现和描述主题结构。

2.情感分析与主题建模的作用

情感分析与主题建模的结合应用可以为大数据研究提供更为深刻的洞察力。通过分析文本数据中的情感色彩和隐藏主题，能够更全面地理解人们对于不同主题的态度和情感倾向，为决策提供更为全面的信息支持。这种结合应用不仅可以用于社交媒体舆情监测，还可以用于产品研发、市场调研等领域，为企业和决策者提供更为准确的信息基础。情感分析与主题建模的大数据应用仍然面临一系列挑战。其中之一是处理文本数据中的噪声和语言变化，使得模型能够更好地适应不同领域和不同文化的文本数据。

在大数据时代，情感分析与主题建模的深度研究和应用将继续为我们理解和利用文本数据提供有力的支持。通过挖掘情感信息和主题结构，能够更全面地把握大数据的内在信息，为社会决策、商业运营等方面提供更为深刻的见解。随着技术的不断发展和算法的不断优化，我们有望在大数据应用中取得更为显著的突破，为人们提供更为智能、精准的信息服务。

（二）大数据应用与实际

在当今社会，大数据应用已经渗透到各个领域，为各行各业带来深刻的变革。通过充分利用庞大的数据资源，企业和机构能够更加精准地洞察市场需求、优化运营效率、提升服务质量。

一个显著的实例是零售行业。通过分析顾客购物历史、行为数据以及社交媒体反馈，零售商能够制定个性化的营销策略，提供更符合顾客需求的产品和服务，实现销售的最大化。在医疗领域，大数据应用也发挥着重要作用。通过整合患者的医疗记录、基因信息和生活方式数据，医生可以制定更为个性化的治疗方案，提高诊断准确性。大数据还可以用于疾病监测和预测，帮助卫生机构及时应对流行病的蔓延。利用大数据分析流感病例的地理分布和人口流动情况，可以更好地预测流感暴发的可能性，采取相应的防控措施。

在金融行业，大数据应用已经成为风险管理和金融决策的重要工具。通过分析用户的交易数据、信用记录以及市场趋势，金融机构能够更准确地评估客户的信用风险，制定更为科学的信贷政策。大数据还能够帮助投资者更好地理解市场走势，进行更为精准的投资决策，降低投资风险。

在城市管理方面，大数据应用也展现出强大的潜力。通过监测城市交通流量、环境污染指数以及能源使用情况，城市管理者可以更好地规划城市发展，提高城市的可持续性。通过分析交通数据，城市可以优化交通信号控制，缓解交通拥堵问题；通过监测环境污染数据，城市可以采取措施改善空气质量，提升居民的生活品质。

教育领域也在大数据应用中迎来了新的机遇。通过分析学生的学习数据、行为模式以及教育资源利用情况，学校和教育机构可以制订个性化的教学计划，提高教学效果。大数据还可以用于评估教育政策的效果，帮助政府更科学地制定教育发展战略。

大数据应用已经成为推动社会发展的重要引擎。通过深入挖掘和分析数据，各个行业都能够实现更为智能化、高效化的运营模式，为人们提供更好的产品和服务。在不断发展的大数据时代，随着技术的不断进步和数据的不断积累，大数据应用将继续为社会带来更多的创新和机遇。

第四章　大数据可视化与展示

第一节　大数据可视化概述

一、大数据可视化的背景与基础

（一）大数据可视化的背景

1. 大数据的涌现

在现今数字化快速发展的时代，大数据的可视化概念逐渐成为各行各业引领变革的一项强大力量。大数据不仅是一种技术手段，更是一种全新的思维方式。通过对海量数据的深度挖掘和分析，为社会各个领域提供了前所未有的见解和决策支持。随着互联网的普及和数字化技术的飞速发展，大数据的规模呈现出爆炸式增长的趋势。人们在日常生活中产生着海量的数字信息，包括社交媒体互动、在线购物、移动设备产生的数据等。这些数据以高速涌现的方式积累起来，形成了庞大的数据资源库。这也是大数据得名的原因，它不仅规模大，更关键的是包含了多种类型的数据，涵盖了社会各个层面的信息。

2. 大数据可视化在不同领域的影响

在企业领域，大数据应用为企业提供了更为深入的市场洞察和客户行为分析。通过对大数据的处理和分析，企业能够更准确地了解消费者的需求和喜好，从而更好地制定市场策略和产品定位。这种基于数据的经营方式不仅提高了企业的竞争力，也为企业在市场中取得更大的份额提供了有力支持。

在科学研究领域，大数据的应用为科学家提供了前所未有的研究工具。从基因组学到天文学，大数据的应用使得科学研究变得更为高效和准确。科研人员能够通过对大规模数据的分析，揭示隐藏在数据中的规律和关联，推动科学领域的不断创新。

政府部门也逐渐认识到大数据在决策制定和治理方面的重要性。通过对社会经济、环境、健康等方面的数据进行综合分析，政府能够更好地了解社会的发展状况和问题所在，有针对性地制定政策，实现更为精准的治理。大数据在城市规划、交通管理、环境监测等方面的应用，也为城市的可持续发展提供了新的思路和手段。

但大数据应用也伴随着一系列挑战和问题。

数据隐私和安全问题成为亟待解决的难题，人们对于数据的敏感性和隐私权的保护呼声日益高涨。大数据的分析和处理需要庞大的计算资源，如何有效地处理大规模数据成为急需解决的技术难题。大数据应用已经成为推动社会发展和变革的一股强大力量。通过深度挖掘和分析数据，我们能够更好地理解世界、提高效率、解决问题。随着大数据时代的到来，我们也需要认真思考如何在追求发展的同时保护好个人隐私和数据安全，确保大数据的应用能够更好地造福整个社会。

（二）大数据可视化基础

1. 可视化原理与技术

在大数据可视化原理中，数据预处理是确保数据质量和有效性的关键步骤。数据预处理涉及对原始数据进行清洗、转换和整合，以便为后续的分析和建模提供可靠的基础。大数据时代所涌现的海量数据，往往伴随着各种噪声、缺失和不一致性，数据预处理在确保数据可用性和可信度方面发挥着至关重要的作用。

数据清洗是数据预处理的首要任务之一。在原始数据中可能存在着错误、异常值和重复记录，这些问题可能导致对数据的错误解释和不准确的分析结果。清洗的过程包括检测和纠正数据中的错误，过滤掉异常值，以确保数据的准确性和一致性。通过有效的数据清洗，可以提高后续数据分析和建模的准确性，确保从数据中提取的信息是可靠的。

数据转换是数据预处理的另一个关键步骤。原始数据的格式和结构可能不符合分析和建模的要求，因此需要进行适当的转换。这可能包括对数据进行规范化、标准化、归一化等操作，以便不同数据源之间的比较和整合。数据转换的目标是使得数据更易于理解和使用，为后续的分析提供更为友好和一致的数据格式。

在数据预处理中，处理缺失值也是一项关键任务。原始数据中常常存在着缺失的情况，这可能是由于测量错误、系统故障或者数据收集过程中的其他原因。处理缺失值的方法包括删除包含缺失值的记录、插值以替代缺失值等。有效地处理缺失值有助于避免对数据进行不必要的删除，保留更多的有用信息，提高数据的完整性和可用性。

数据整合也是数据预处理中的一项关键工作。在大数据应用中，数据往往有不同的来源，可能包括不同的数据库、文件格式等。数据整合的目标是将这些异构的数据整合成一个一致的整体，以便于进行综合分析。这可能涉及数据的合并、连接、聚合等操作，确保数据之间的一致性和关联性，为后续的分析提供更为综合和全面的视角。

在大数据应用中，数据预处理也需要考虑到计算效率的问题。由于大数据规模庞大，传统的数据预处理方法可能面临计算资源不足的挑战。需要设计并采用高效的算法和技术，以确保在大规模数据处理时能够保持较高的效率和性能。

数据预处理在大数据应用中具有不可替代的地位。通过清洗、转换、处理缺失值和整合等操作，数据预处理为后续的数据分析、挖掘和建模提供了可靠的数据基础。在大数据时代，充分认识并解决数据预处理中的各种挑战，将有助于更好地发挥大数据的潜力，为各个领域的决策和创新提供强大的支持。

2.可视化工具

在大数据应用中，可视化工具和技术发挥着至关重要的作用。随着数据规模的不断增大和多样性的增加，传统的数据呈现方式已经无法满足人们对信息理解和决策支持的需求。可视化工具通过图形化的方式展现数据，使得复杂的信息能够以直观、清晰的形式呈现，为用户提供了更全面、深入的数据洞察力。

一种常见的可视化工具是仪表盘（Dashboard），它将多个图表和指标集成在一个界面中，帮助用户一目了然地监控关键业务指标和趋势。仪表盘的直观性和实时性使得管理者能够更快速地做出决策，优化业务流程，实现更高效的管理。在大数据环境下，仪表盘的应用范围不仅局限于业务监控，还广泛用于数据分析、市场趋势分析等领域。

通过各种图表形式，如折线图、柱状图、饼图等，用户能够直观地比较、分析数据之间的关系。图表的灵活性使得用户能够根据具体需求选择合适的图表类型，以最佳方式呈现数据，增强数据的可读性和可理解性。在大数据应用中，图表不仅用于展示数据的基本统计信息，还能够帮助用户发现数据中的潜在模式和规律。

热力图是一种能够通过颜色深浅反映数值大小的可视化工具。它广泛应用于地理信息系统、社交网络分析等领域，可以直观地展示数据的空间和关联关系。通过热力图，用户能够更加清晰地看到数据的分布情况，从而更好地理解地理位置的相关性或者数据的集中程度。在大数据时代，热力图的应用使得对大规模空间数据的分析变得更加直观和高效。

交互式可视化工具是近年来崭露头角的一种趋势。通过为用户提供交互式操作的界面，用户能够根据自己的需求动态地调整可视化结果。这种灵活性不仅使得用户能够更深入地探索数据，还提高了用户对数据的参与感和理解程度。在大数据应用中，交互式可视化工具有助于用户更灵活地探索数据，快速进行多维度分析，发现数据中的潜在规律。

除了上述工具外，虚拟现实（VR）和增强现实（AR）技术也开始在大数据可视化中发挥作用。通过虚拟和增强现实技术，用户能够在三维空间中更全面、立体地观察和分析数据。这种沉浸式的体验使得用户能够更深刻地理解数据的结构和关系，为数据探索提供了全新的可能性。

可视化工具和技术在大数据应用中具有不可替代的地位。通过直观、清晰地呈现复杂的大数据信息，这些工具和技术帮助用户更好地理解数据，快速发现数据中的模式和趋势，从而支持决策制定、业务优化和创新发展。大数据时代，可视化不仅是数据分析的手段，更是提高信息传递效率和决策效果的重要途径。

二、大数据可视化方法与模型

在大数据应用中，可视化方法与模型是重要的研究和实践领域。大数据的复杂性和多样性要求我们采用更先进的可视化方法来理解和分析数据。可视化模型通过对大数据进行建模和呈现，为用户提供了直观、高效的方式来挖掘数据中的信息，推动了数据驱动决策和创新的发展。

（一）常用的可视化方法

一种常用的可视化方法是网络图（Network Graph）。网络图通过节点和边的形式展示数据中的关系和连接。在大数据应用中，网络图可以用于展示复杂系统中的交互关系，如社交网络中的用户关系、物流系统中的节点连接等。通过网络图，用户能够直观地了解数据中的结构和关联，为复杂系统的分析提供了直观的图形表示。

散点图矩阵（Scatter Plot Matrix）是另一种常见的可视化方法，特别适用于多维数据的展示。通过将多个散点图组合成矩阵，用户能够在不同维度上比较多个变量之间的关系。这种可视化方法帮助用户发现数据中的模式和趋势，为多维数据的理解提供了直观而全面的视角。

时间序列图（Time Series Plot）是展示时间相关数据的有效方式。在大数据应用中，时间序列数据通常是按时间顺序排列的观测值，如股票价格、气象数据等。通过时间序列图，用户能够观察到数据随时间变化的趋势，发现周期性和趋势性的模式，为时间相关数据的分析提供了有力的支持。

（二）可视化模型的类型

除了传统的可视化方法外，近年来基于机器学习和深度学习的可视化模型也逐渐受到关注。这些模型能够通过学习数据的潜在表示来生成更丰富、更高级的可视化效果。

生成对抗网络（GAN）可以用于生成逼真的图像，为数据提供更富有创意性的展示方式。这种融合机器学习和可视化的方法拓展了传统可视化的边界，使得可视化更具有交互性和动态性。

在大数据应用中，交互式可视化也成为不可忽视的一部分。通过在可视化模型中加入交互性，用户能够根据自己的需求进行数据的筛选、放大、缩小等操作，从而更灵活地进行数据的探索和分析。这种交互性使得用户能够更深入地理解数据，提高数据的利用效率。

大数据可视化领域仍然面临一些挑战。随着数据规模的不断增大，如何有效地处理大规模数据并保持可视化的实时性是一个急需解决的问题。如何在可视化中充分考虑数据的不确定性和复杂性，提高可视化结果的可信度也是一个需要深入研究的方向。可视化方法与模型在大数据应用中具有重要意义。它们不仅提供了直观的数据呈现方式，还为用户提供了深入理解和分析大数据的手段。随着可视化技术和方法的不断创新，我们有望在大数据应用中实现更为高效和强大的可视化效果，为人们在数据中发现更深层次的信息和见解提供更多可能性。

第二节 可视化工具与技术

一、大数据技术趋势

（一）大数据应用领域的技术发展趋势

随着科技的不断发展，大数据应用领域也呈现出一系列显著的技术趋势。其中之一是边缘计算技术的兴起。边缘计算将计算能力从中心化的数据中心推向数据源的边缘，以更快的响应速度和更低的网络延迟满足实时性要求。这一趋势使得大数据处理更加分散、灵活，能够更好地适应物联网、智能设备等应用场景。

人工智能（AI）和机器学习（ML）的蓬勃发展也是大数据应用领域的显著趋势。通过利用大规模的数据集，机器学习算法能够从中学习并提取规律，实现对数据的智能分析和预测。这种结合大数据和人工智能的应用，不仅提高了数据的价值，也推动了智能决策、自动化流程等方面的创新。

区块链技术在大数据领域的应用也逐渐成为一种新趋势。区块链的去中心化、不可篡改等特性使其在数据安全性和隐私保护方面具有独特的优势。在大数据的交易和共享过程中，区块链可以提供更加安全可信的环境，避免数据篡改和不当访问。

云计算是大数据应用中另一项技术趋势。云计算将计算和存储资源通过网络提供给用户，使得大规模数据的处理和存储更加灵活和可扩展。这种基于云的架构使得企业和组织能够更便捷地进行大数据处理，降低了硬件投资和维护成本。

开源技术的兴起也是大数据应用领域的重要趋势。开源软件和工具在大数据处理、分析和可视化中扮演着关键角色。大数据领域涌现出了许多优秀的开源项目，为用户提供了丰富的选择，同时也推动了大数据技术的不断创新。

在数据治理和合规性方面，数据伦理成为一个备受关注的话题。随着个人隐私和数据安全的重要性日益凸显，数据伦理的概念强调了在大数据处理中对数据合法、公正、透明处理的原则。这一趋势推动了大数据应用在法规合规性和道德标准上的进一步思考和完善。

边缘人工智能的崛起也成为大数据应用领域的新兴技术趋势。将人工智能算法和模型部署到边缘设备上，实现更加智能化的边缘计算，有望提高大数据应用在物联网、智能城市等领域的效率和响应速度。

大数据应用领域的技术趋势呈现出多样性和复杂性。这些趋势不仅推动了大数据应用技术的不断创新，也为各行各业带来了更多的发展机遇和挑战。随着技术的不断演进和应用场景的不断扩展，大数据应用领域的技术趋势将继续引领着创新和变革。

（二）大数据可视化技术

在当前信息时代，大数据正成为各行业的核心资产，其庞大的体量和高度复杂性也带来了一系列挑战。

在这个背景下，大数据可视化技术崭露头角，成为理解、分析和应用大数据的有力工具。大数据可视化技术的兴起并非偶然。数据本身是抽象的，对于人类来说，把这些数字和统计数据转化为直观的图形更容易理解。大数据可视化技术通过图表、图形、地图等方式，将庞大的数据集呈现为易于观察和理解的形式，有效提升了数据的可读性。

在可视化设计方面，要考虑的因素多不胜数。设计应该简洁，避免过多的信息噪音，使观众能够迅速理解关键信息。颜色、形状、大小等元素的运用应当具有直观性，帮助用户更好地区分不同的数据。大数据可视化应该支持交互性，让用户能够深入挖掘数据，并根据实际需求调整图表。

1. 金融方面的应用

在大数据可视化技术的应用方面，金融行业是一个典型代表。通过可视化技术，金融从业者能够更加直观地了解市场趋势、资产配置情况，有助于更迅速地作出投资决策。

2. 医疗方面的应用

医疗健康领域也是大数据可视化技术得以广泛应用的领域之一。通过将患者的医疗数据转化为可视化图表，医生能够更清晰地诊断病情，制定更为个性化的治疗方案。

3. 日常生活中的应用

大数据可视化技术不仅在医疗行业中崭露头角，在日常生活中也逐渐成为不可或缺的一部分。社交媒体平台的数据呈现、天气预报图表、股票走势等，都是大数据可视化技术在我们生活中的具体应用。这种技术的普及让普通人也能够通过图表更好地理解和利用庞大的数据资源。

4. 大数据隐私安全的应用

随着可视化技术的发展，对数据的需求变得更为迫切，但如何确保大数据的安全性成为一个亟待解决的问题。数据的真实性和准确性也是制约可视化技术发展的重要因素，不可否认，在数据处理和整合的过程中仍然存在潜在的误差。

大数据可视化技术的兴起为我们更好地理解和利用大数据带来了巨大的机遇。它不仅在商业决策、科学研究中发挥着关键作用，也渗透到我们生活的方方面面。为更好地应对大数据可视化的未来挑战，我们需要不断创新技术、加强对数据的管理与保护，以确保可视化技术能够更好地服务于社会和个人需求。

二、大数据可视化工具的应用与未来发展

（一）大数据可视化工具的应用

在大数据应用的领域中，可视化工具扮演着不可或缺的角色。大数据本身往往庞大而复杂，包含着海量的信息，而可视化工具通过图形和图表等形式，使得这些庞大的数据变得更加直观、易于理解。这不仅为决策者提供了更为清晰的数据洞察，也促进了对数据中潜在模式和趋势的深入挖掘。

1.Tableau

Tableau 是一种备受推崇的工具。Tableau 的强大之处在于其用户友好性和灵活性。用户可以轻松地将大数据源连接到 Tableau 中，通过拖放的方式创建丰富多彩的图表，使得用户能够根据需求对数据进行实时的探索和调整，从而更灵活地发现数据中的模式。它是微软推出的一款强大的商业智能工具。

2.Power BI

Power BI 支持多种数据源的连接，并提供丰富的可视化选项，包括图表、地图、仪表盘等。其与其他微软工具的良好集成也使得用户能够在整个数据分析生态系统中无缝切换，实现更为全面的数据处理和展示。用户可以通过编写代码创建各种高度定制化的图表。这对于对数据分析有更深入需求的用户来说是一种理想选择，尤其是在需要进行更为复杂的数据可视化和统计分析时。大

数据可视化工具的应用不仅局限于商业和数据分析领域，地理信息系统（GIS）也在其间发挥了重要作用。

3.ArcGIS

ArcGIS 是一款专业的地理信息系统软件，能够将地理空间数据与大数据进行整合，生成丰富的地图和空间分析结果。这种将地理位置信息与大数据相结合的方式，为城市规划、环境监测等领域提供了强大支持。

（二）未来发展

大数据可视化工具在未来的发展中将面临诸多挑战和机遇。随着数据规模的不断增大和数据类型的多样化，人们对于可视化工具的需求也将日益增加。未来的大数据可视化工具需要具备更强大的数据处理和可视化能力，以应对不断变化的数据挑战。

未来的大数据可视化工具将更加注重用户体验和交互性。随着用户对于数据分析和可视化的需求不断增加，他们希望能够通过简单直观的方式来探索和理解数据。未来的可视化工具需要提供更加友好和灵活的用户界面，以及更丰富的交互功能，帮助用户更快速地发现数据中的信息和模式。

未来的大数据可视化工具将更加注重多样化的数据呈现方式。随着数据类型的多样化和数据来源的增加，用户希望能够通过不同的图表和图形来展示数据，以便更全面地理解数据的特征和规律。未来的可视化工具需要提供更丰富的图表和图形库，以满足用户对于数据呈现方式的不同需求。

未来的大数据可视化工具将更加注重数据安全和隐私保护。随着数据泄露和数据滥用的风险不断增加，用户对于数据安全和隐私保护的关注度也在提高。未来的可视化工具需要提供更加严格的数据访问控制和权限管理机制，保护用户的数据安全和隐私。

未来的大数据可视化工具还将更加注重可扩展性和定制化能力。随着数据规模的不断增加和应用场景的多样化，用户希望能够根据自己的需求来定制和扩展可视化工具的功能。未来的可视化工具需要提供更灵活和可定制的开发接口，以及更丰富的扩展机制，满足不同用户的定制化需求。

未来的大数据可视化工具将面临更多的挑战和机遇。通过不断提升用户体验、丰富数据呈现方式、加强数据安全和隐私保护，以及提供更灵活和可定制的功能，未来的可视化工具将能够更好地满足用户对于数据分析和可视化的需求，促进数据驱动的决策和创新。

第三节　可视化在决策支持中的应用

一、决策支持与大数据背景

（一）大数据的发展对决策支持的影响

在当今信息时代，决策者需要应对复杂多变的环境和庞大的信息量。大数据技术的兴起为决策支持提供了强有力的工具，而大数据背景下的可视化则成为将庞大信息转化为直观见解的关键手段。决策支持是指通过信息技术和数据分析为决策者提供相关信息，帮助其做出明智决策的过程。

1. 大数据技术的介入

大数据背景下，信息量庞大而复杂，传统的决策支持方式已经难以胜任。这时，大数据技术的介入成为一种必然趋势。通过对海量数据的采集、存储和分析，决策者能够更全面地了解环境、趋势和风险，有助于做出更加精准的决策。大数据可视化背景下的决策支持更加注重将数据信息以图形、图表等可视化形式呈现。可视化不仅使得信息更易理解，而且有助于发现数据中的潜在模式和关联关系。决策者通过直观的图形界面能够更容易地把握信息，从而更快速地做出决策。

2. 大数据可视化在不同领域的决策支持应用

大数据决策支持系统可以通过分析市场趋势、消费者行为、竞争对手情报等数据，为企业提供市场情报和战略决策支持。通过可视化工具，企业管理者能够直观地了解销售趋势、产品热门度等关键信息，有助于制定更灵活、更实时的经营策略。

大数据决策支持系统可以通过分析患者病历、医学影像、基因数据等，为医生提供更全面的患者信息，辅助医疗决策。医疗可视化工具能够呈现患者的病情变化趋势、治疗效果等信息，使医生更具洞察力地制订治疗计划。

在政府管理中，大数据决策支持系统能够通过分析城市交通、环境污染、社会经济等数据，为政府官员提供城市规划和资源配置的支持。通过可视化工具，政府管理者能够更清晰地了解城市运行情况、社会问题的热点，有助于制定更科学、更人性化的政策。

大数据决策支持还在科研领域得到广泛应用。科研人员可以通过分析科学实验、研究文献、专利信息等数据，为科研决策提供支持。通过可视化工具，科研人员能够更容易地发现领域内的研究热点、前沿动态，有助于提高研究的创新性和效率。

大数据背景下的决策支持在各个领域都有着广泛应用。大数据技术为决策提供了更丰富的信息基础，而可视化工具则使得这些信息更加直观、易于理解。这种整合大数据和可视化的方式为决策者提供了更全面、更灵活的支持，推动了决策水平的提升和效率的提高。随着大数据技术和可视化工具的不断创新，决策支持系统将在更多领域发挥更加重要的作用。

（二）可视化在决策支持中的基础知识

可视化在决策支持中是一项关键的基础工作。通过图形化展示大量数据，使得决策者能够更加直观、深入地理解信息。可视化的基础知识包括数据的类型、图形的选择、颜色的运用以及交互设计等方面。

了解数据的类型是进行有效可视化的基础。数据可分为定量和定性两大类型。定量数据包括数值型数据，如销售额、温度等；而定性数据则是非数值型的，如产品类别、客户满意度等。对于定量数据，常用的可视化图形包括折线图、柱状图、散点图等，而对于定性数据，饼图、条形图、词云等可视化形式更为适用。理解数据的类型有助于选择合适的可视化手段，更好地传达信息。

图形的选择对于可视化效果至关重要。每种图形都有其独特的用途和优势。折线图适合展示趋势和变化，柱状图常用于比较各个类别之间的差异，而散点图则能够显示变量之间的相关性。在选择图形时，需要考虑数据的特点、传达的信息以及受众的习惯，以确保图形能够清晰地表达所需的信息。颜色的运用也是可视化中的重要考虑因素。颜色可以用于突出重要信息、区分不同类别，但过度使用或不合理搭配可能导致混淆或信息失真。

二、高级可视化技术与未来趋势

（一）高级可视化技术

1. 高级可视化技术与方法的应用

在可视化大数据应用领域，高级可视化技术与方法的应用成为更深入挖掘数据价值、理解数据内在关系的关键。这些技术和方法通过更复杂、更灵活的手段，使得数据呈现更为抽象、直观，进而提升决策者对大数据的洞察力。

一项重要的高级可视化技术是多维数据可视化。在大数据环境下，数据不仅庞大，而且通常包含多个维度的信息。多维数据可视化技术通过将多个维度的数据以三维、四维的形式展示，使得用户能够更全面地理解数据的关系和特征。这种技术适用于复杂的商业、科研和社会问题，如市场分析、科学研究和社会网络分析等领域。

在大数据中，关系网络往往是复杂而庞大的，传统的图表很难完整展示其内在结构。网络图可视化通过节点和边的方式呈现复杂的网络结构，使得用户可以更清晰地看到节点之间的连接关系，从而深入理解网络中的重要节点和子结构。这种技术在社交网络分析、供应链管理等领域具有广泛应用。

时间序列可视化是另一项重要的高级可视化技术。在时间序列，数据随时间的变化呈现出一种动态的趋势。

高级时间序列可视化技术通过动画、流动图等方式展示数据的时间演化过程，使用户能够更容易地捕捉到时间趋势和周期性。这对于金融交易分析、气象预测、流行病学调查等具有时间关联的领域具有重要意义。

对数值型数据的高级可视化方法包括热力图和等值线图。热力图通过颜色的深浅表示数值的大小，直观展示了数据的空间分布规律。等值线图则通过线条的连通程度表示数值的等高或等值区域，对于地理信息系统、自然资源分布等方面的分析具有重要作用。

高级可视化技术还包括文本可视化。在大数据中，文本信息往往是重要的数据类型之一。文本可视化技术通过词云、主题模型等方式将文本信息呈现为直观的图形，有助于用户从海量文本中抽取关键信息，进行情感分析、舆情监测等应用。

深度学习技术的嵌入使得高级可视化更趋于智能化。深度学习模型能够识别数据中的复杂模式和关系，通过将其与可视化结合，用户能够更深层次地理解大数据中的内在规律。这种智能可视化技术在图像识别、自然语言处理等领域具有广泛的应用前景。

高级可视化技术和方法在大数据应用中发挥着关键的作用。通过多维数据可视化、网络图可视化、时间序列可视化等手段，用户能够更深入地理解庞大数据集中的内在关系和模式，从而为决策者提供更为深刻的数据洞察。这些技术的不断创新和发展将进一步推动大数据可视化领域的进步，为用户提供更强大、更智能的决策支持。

2. 高级可视化技术意义

在可视化大数据应用过程中，一些成功的经验和总结成为指导原则，帮助企业和决策者更好地理解和利用大数据。

注重用户需求和场景。成功的大数据可视化项目始终紧密关注最终用户的需求，充分考虑使用场景。通过深入了解用户的工作流程和目标，设计师和开发者能够创造出更符合实际应用场景的可视化方案。项目团队应与用户保持密切的沟通，不断调整和优化可视化方案，以确保其真正满足用户的实际需求。

重视数据质量和准确性。在大数据可视化应用中，数据是支撑一切的基础。保证数据的质量和准确性至关重要。在数据处理和清洗阶段，应采取科学方法，处理缺失值、异常值等，确保数据的可信度。只有基于高质量的数据，可视化结果才能真实、可靠，从而为决策提供有力支持。

选择合适的可视化工具和技术。市场上存在众多可视化工具和技术，选择合适的工具和技术对于项目的成功至关重要。根据项目的特点、数据的性质和用户需求，选择能够更好地支持大数据可视化的工具。也需要关注技术的创新和发展，以确保项目能够应对未来更复杂的数据需求。

注重可视化的交互性。成功的大数据可视化项目通常具有良好的交互性，使用户能够更灵活地与数据进行互动。通过添加缩放、筛选、联动等交互功能，用户可以更深入地探索数据，发现潜在关联和模式。这种交互性不仅提高了用户体验，也使得决策者能够更全面地理解数据。

成功的大数据可视化项目通常采用渐进式的开发和迭代方式。通过将项目划分为小步骤，逐步完善和优化可视化方案，团队能够更好地应对复杂性和变化性。这种渐进式的开发方式有助于项目在早期发现和解决问题，最大程度地降低项目风险。

强调团队协作和多学科合作。大数据可视化项目往往需要不同领域的专业知识和技能。强调团队协作和多学科合作是成功的关键。数据科学家、设计师、开发者和业务专家等不同背景的人员应共同参与项目，充分发挥各自的优势，形成高效的协作机制。只有团队协同合作，才能更好地解决项目中的各种挑战。

在总结这些成功经验时，可以看到，用户导向、数据质量、技术选择、交互性、迭代式开发和团队协作是构建成功大数据可视化项目的关键要素。这些建议为企业和决策者提供了在可视化大数据应用中取得成功的有益指导。可视化大数据应用将呈现出多个显著的趋势，这些趋势将推动大数据可视化领域的进一步发展。

（二）未来趋势

深度学习技术的广泛应用将为可视化大数据应用带来新的未来趋势。随着深度学习技术的不断发展，模型能够更好地识别和理解数据中的复杂模式和关系。将深度学习与可视化相结合，可以实现更智能化、自动化的可视化过程。我们可以期待看到更多基于深度学习的智能可视化工具，为用户提供更深层次的数据解读和见解。增强现实（AR）和虚拟现实（VR）技术的崛起将为可视化大数据应用带来全新的体验。通过 AR 和 VR 技术，用户可以沉浸式地探索大数据空间，更直观地感知数据的三维结构和关联。这将为用户提供更丰富、更生动的数据呈现方式，有助于更深层次地理解大数据的复杂性。实时可视化将成为一个重要的发展方向。随着实时数据的不断涌现，对实时可视化的需求也日益增加。可视化大数据应用将更加注重实时数据的动态展示，使决策者能够及时地响应数据变化，迅速做出决策。这对于金融交易、网络安全监控等实时性要求较高的领域具有重要意义。面向移动端的可视化应用将成为一个重要趋势。随着移动设备的普及和性能的提升，用户对于在移动端进行数据可视化的需求将不断增加。未来的可视化大数据应用将更加注重在移动设备上的友好性和响应性，为用户提供随时随地的数据访问和分析能力。

人机交互方式也将进一步创新。自然语言处理技术的进步将使得用户能够通过自然语言与可视化界面进行更自由、智能的交互。这将减少用户对复杂查询和操作的学习成本，提高用户的使用便捷性。可视化大数据应用将更多地融合在各行各业的业务流程中。随着大数据技术的逐步渗透到各个行业，大数据可视化将不再仅仅是一个辅助决策的工具，而是与业务系统深度融合，成为业务决策的一部分。这将推动可视化大数据应用更加贴近实际业务需求，更好地服务于各行各业的发展。未来可视化大数据应用将在深度学习、AR/VR 技术、实时可视化、移动端应用和人机交互等方面不断创新。这些趋势将推动可视化大数据应用更好地满足用户需求，更全面地展示数据内在关系，为决策者提供更为丰富和深刻的数据洞察。

第四节 交互式可视化与用户体验

一、交互式可视化背景

（一）大数据交互式可视化背景与发展

1. 大数据时代背景

大数据时代的背景是信息技术的迅速发展和互联网的普及，这导致了数据的爆炸性增长。人们在日常生活中产生了大量的数据，包括社交媒体上的信息、在线购物记录、移动设备的位置数据等。这些数据的规模庞大，传统的数据处理技术已经无法满足对其进行分析和挖掘的需求。

大数据交互式可视化技术应运而生，以应对大数据时代的挑战。它结合了大数据处理和可视化技术，使得用户能够以直观、易懂的方式探索和理解数据。通过交互式可视化，用户可以通过图表、图形等形式直观地展示和分析数据，从而发现数据中的模式、趋势和关联。

随着大数据交互式可视化技术的发展，人们可以更加方便地进行数据探索和分析。无论是数据科学家、企业决策者还是普通用户，都可以通过简单的操作探索复杂的数据集。这种直观的数据呈现方式不仅提高了数据的可理解性，也促进了数据驱动的决策和创新。

大数据交互式可视化技术的发展也推动了数据科学和数据可视化领域的进步。研究人员不断探索新的可视化技术和方法，以应对不断增长的数据规模和复杂度。大数据交互式可视化技术也在不同领域得到了广泛应用，包括商业、科学研究、医疗保健等。这些应用不仅帮助用户更好地理解数据，也为他们提供了更多的机会。

大数据交互式可视化技术在大数据时代具有重要意义。它不仅使得数据更加容易被理解和利用，也推动了数据科学和数据可视化领域的发展。随着技术的不断进步和创新，大数据交互式可视化技术将会在未来发挥更加重要的作用，为人们带来更多的便利和收益。

2. 交互式可视化的兴起

大数据交互式可视化是一种强大的数据分析工具，它结合了大数据处理和可视化技术，帮助用户更直观地理解和探索海量数据。该技术的兴起源于对数据分析和决策支持的需求，以及对于传统静态可视化的不足之处。

在过去，人们通常使用静态可视化图表来呈现数据，但这种方式存在着局限性，如无法处理大规模数据、缺乏交互性等。随着数据规模的不断增大和数据类型的多样化，人们对于数据分析和可视化的需求也越来越迫切，因此大数据交互式可视化应运而生。

大数据交互式可视化的兴起得益于多个方面的技术进步。大数据处理技术的发展使得处理海量数据变得更加高效和可行。例如，分布式计算技术和内存计算技术可以帮助实现对海量数据的快速处理和分析，为交互式可视化提供了技术基础。

前端开发技术的进步也为交互式可视化提供了支持。随着 Web 技术的不断发展，前端框架和库的功能越来越丰富，可以实现更复杂和更丰富的交互效果。例如，JavaScript 框架如 D3.js、Highcharts 等可以帮助开发者实现各种交互式可视化效果，从而提升用户体验和数据分析效率。

可视化设计和用户体验的理念也在不断演进。人们越来越注重用户体验和交互性，希望通过简单直观的操作来探索和理解数据。交互式可视化工具需要提供丰富的交互功能，如拖拽、过滤、缩放等，以满足用户对数据探索的需求。

大数据交互式可视化的兴起是多方面技术和需求的共同推动。通过结合大数据处理技术、前端开发技术以及可视化设计和用户体验的理念，交互式可视化工具能够帮助用户更好地理解和探索海量数据，为决策和创新提供支持和指导。

（二）交互式可视化原理

交互式可视化是一种通过图形化界面与用户进行实时交互的数据呈现方式。大数据交互式可视化是在大数据背景下发展起来的，随着信息量的爆炸式增长和数据复杂性的提高，传统的静态数据呈现方式已经无法满足人们对信息处理和理解的需求。大数据交互式可视化的发展源于人们对更高效地探索、理解和分析海量数据的迫切需求。

在大数据时代，人们需要从海量数据中提取有用信息，并准确做出决策。

传统的数据处理方式已经无法胜任这一任务，因为它们往往是静态的、单向的，无法适应数据的实时性和多样性。交互式可视化应运而生，它通过可视化手段将抽象的数据呈现为直观的图形，使用户能够更直观、更高效地理解数据，从而做出更加准确的决策。

大数据交互式可视化的发展离不开技术的进步和创新。随着计算机硬件和软件技术的不断发展，以及数据处理算法的不断优化，人们能够更加高效地处理和分析大规模数据。Web 技术的迅速发展也为交互式可视化提供了更广阔的发展空间，使得用户可以通过普通的 Web 浏览器就能够访问和操作交互式可视化系统。

除了技术因素之外，大数据交互式可视化的发展还得益于人们对数据分析和决策支持的认识不断增强。人们逐渐意识到，传统的数据处理方式已经无法满足复杂环境下的决策需求，而交互式可视化则能够有效弥补这一缺陷，使用户能够更加灵活地探索数据，发现隐藏在数据背后的规律和趋势。

大数据交互式可视化是在大数据背景下发展起来的一种数据呈现方式，它通过图形化界面和用户实时交互，使用户能够更加直观、高效地理解和分析海量数据，为人们的决策提供了有力支持。

二、用户体验与交互式可视化深入

（一）用户体验在交互式可视化中的重要性

1. 用户体验概述

用户体验是用户与产品、服务或系统进行互动时所感受到的整体感觉和印象。在交互式可视化中，用户体验至关重要，因为它直接影响着用户对数据探索和分析的效率和满意度。一个良好的用户体验可以增强用户的参与度和忠诚度，提高他们对数据的理解和利用率。

交互式可视化的设计应该以用户为中心，考虑到用户的需求、目标和习惯。通过设计直观、易用的用户界面和交互方式，可以降低用户学习成本，提高用户的操作效率和满意度。交互式可视化应该提供多样化的功能和选择，以满足不同用户的需求。

在交互式可视化中，用户体验不仅仅局限于界面设计和交互方式，还包括数据的呈现和解释方式。一个好的可视化应该能够清晰地表达数据的含义和关联,帮助用户快速理解数据的模式和趋势。可视化应该具有足够的灵活性,使得用户可以根据需要进行数据的定制和调整,从而更好地满足他们的分析需求。

交互式可视化还应该注重用户的情感体验。通过设计富有情感共鸣的可视化效果,可以增强用户的参与感和情感连接,提高他们对数据的兴趣和投入。这种情感体验可以通过引入生动的图形和动画效果,或者通过设计具有故事性的数据呈现方式来实现。

用户体验是交互式可视化设计中至关重要的一环。通过以用户为中心的设计理念和创新的技术手段,可以提高用户对数据探索和分析的效率和满意度,从而更好地实现交互式可视化的目标和价值。

2. 用户需求分析

用户需求分析在用户体验与交互式可视化方面发挥着关键作用。用户需求分析旨在了解用户的需求、偏好和行为,从而指导交互式可视化工具的设计和开发。通过深入分析用户的需求和行为,可以更好地设计出符合用户期望的可视化界面和交互功能,提升用户体验。

用户需求分析通常包括用户调研、用户访谈、用户行为分析等方法。通过这些方法,可以收集到用户对于可视化工具的需求、期望和反馈,帮助设计师更好地理解用户的真实需求。例如,通过用户调研可以了解用户的使用场景和使用目的,通过用户访谈可以深入了解用户的偏好和行为,通过用户行为分析可以分析用户在使用过程中的操作和反馈。

在用户需求分析的基础上,设计师可以进行用户体验设计。用户体验设计旨在提升用户对于产品的整体感受和满意度,包括界面设计、交互设计、信息架构等方面。通过合理的用户体验设计,可以使交互式可视化工具更加易用、直观和吸引人,提升用户的使用体验和满意度。

交互式可视化工具的设计还需要关注用户的交互行为。交互式可视化工具的核心在于用户与数据的交互,因此设计师需要深入理解用户的交互行为,设计出符合用户习惯和期望的交互方式。例如,用户可能希望通过简单的拖拽或点击操作来进行数据探索和分析,因此设计师需要提供相应的交互功能,使用户能够轻松地进行数据操作和探索。

用户需求分析和用户体验设计是一个持续迭代的过程。随着用户需求的变化和技术的发展,设计师需要不断地调整和优化交互式可视化工具,以满足用户不断变化的需求和期望。用户需求分析和用户体验设计是交互式可视化工具在设计和开发过程中的重要环节,对于提升用户体验和产品竞争力具有关键意义。

用户需求分析和用户体验设计在交互式可视化工具的设计和开发中发挥着重要作用。通过深入分析用户的需求和行为,设计出符合用户期望的界面和交互功能,可以提升用户体验和产品竞争力,实现交互式可视化工具的最大化效益。

(二)交互式可视化设计与实践

1. 交互设计原则

交互设计原则和用户体验在交互式可视化中的关系密不可分。交互设计的目标是通过设计界面和用户之间的交互方式,提高用户的满意度和效率。用户体验则是用户在使用产品或服务时产生的感受和情感的综合体验。在交互式可视化中,良好的交互设计可以直接影响用户体验,从而影响用户对系统的使用和反馈。

交互设计原则应该紧密关注用户的需求和行为模式。了解用户的需求是设计的基础,只有深入了解用户的行为习惯和偏好,才能设计出符合用户期待的交互方式。交互设计应该简洁明了,避免过度复杂的操作流程和界面布局,保持界面的简洁性能够降低用户的认知负担,提高用户的使用效率。交互设计应该注重反馈机制,及时向用户提供反馈信息,帮助用户理解其操作的结果和系统的状态。良好的反馈机制可以增强用户的控制感和满意度。交互设计还应该注重可访问性,确保用户能够方便地访问和使用系统,无论是在不同的设备上还是在不同的环境下。

用户体验是交互式可视化的核心。良好的用户体验可以提升用户的满意度和忠诚度,促使用户更加愿意使用系统并推荐给他人。在交互式可视化中,良好的用户体验表现在多个方面。界面设计应该美观大方,符合用户审美和习惯。清晰的图形和布局能够增强用户对数据的理解和吸引力。交互过程应该流畅自然,用户能够轻松地完成操作并获得所需信息。用户体验还应该注重个性化,根据用户的偏好和行为习惯,提供个性化的服务和建议,增强用户的参与感和归属感。用户体验应该是持续改进的过程,及时收集用户的反馈和建议,不断优化系统的功能和性能,保持用户体验的优良状态。

2. 交互式可视化工具

交互式可视化工具是在大数据时代迅速发展的背景下应运而生的重要技术。它们的设计旨在提供用户友好的界面和直观的操作方式，以便用户能够轻松地探索和分析数据。这些工具的核心在于用户体验，因为用户体验直接影响着用户对数据的理解和利用效率。

交互式可视化工具应该具有直观的用户界面和操作方式。用户应该能够轻松地找到所需的功能和操作，并且不需要花费过多时间学习如何使用工具。一个清晰简洁的界面设计可以降低用户的认知负担，提高他们的操作效率和满意度。

交互式可视化工具应该提供多样化的功能和选择，以满足不同用户的需求和偏好。用户可能有不同的数据分析目标和技能水平，因此工具应该提供灵活的设置和定制选项，使得用户能够根据自己的需求进行数据的探索和分析。

交互式可视化工具还应该注重数据的呈现和解释方式。一个好的工具应该能够清晰地展示数据的含义和关联，帮助用户快速理解数据的模式和趋势。工具应该具有足够的灵活性，使得用户可以根据需要进行数据的定制和调整，从而更好地满足他们的分析需求。

交互式可视化工具还应该考虑用户的情感体验。通过设计富有情感共鸣的可视化效果，可以增强用户的参与感和情感连接，提高他们对数据的兴趣和投入。这种情感体验可以通过引入生动的图形和动画效果，或者通过设计具有故事性的数据呈现方式来实现。

交互式可视化工具的设计应该以用户为中心，注重用户体验的方方面面。通过提供直观的界面、多样化的功能、清晰的数据呈现方式和富有情感的体验效果，可以提高用户对数据的理解和利用效率，从而更好地实现交互式可视化的目标和价值。

第五章　大数据安全与隐私保护

第一节　大数据安全威胁与风险

一、大数据安全与风险的背景与概述

（一）大数据安全与风险背景

大数据时代，随着信息技术的飞速发展，大数据的安全问题备受关注。大数据应用的安全背景是一个复杂而严峻的挑战，涉及数据采集、存储、处理、传输等多个环节，同时需要面对多样化、高维度的数据形态。这一背景下，保障大数据的安全性成为维护信息社会稳定发展的关键环节。

大数据的安全背景中涉及数据的采集阶段。数据的采集过程通常包括从多个来源、渠道获取数据，这就意味着大量敏感信息的汇集和传输。为确保数据的完整性和机密性，需要在数据采集过程中采取一系列的安全措施，比如加密传输、访问控制、身份认证等。特别是对于用户隐私等敏感数据，应该采用差分隐私等先进技术，以保障数据采集的隐私安全。

大数据的安全背景中关键的一环是数据的存储和备份恢复管理。大数据的存储通常涉及分布式数据库、云存储等多种技术，这为数据的管理和安全带来了挑战。存储阶段，需要建立健全权限管理制度，确保只有授权用户可以访问和修改数据。数据的备份和恢复机制也是保障数据安全不可或缺的一部分，以应对数据丢失或损坏的情况。

在数据处理阶段，大数据的安全性与处理算法和模型的选择密切相关。在数据处理的过程中，可能涉及机器学习、深度学习等复杂算法，而这些算法的

运行可能潜在地暴露一些敏感信息。为此，需要采取巧妙的隐私保护手段，如差分隐私、同态加密等，以确保在模型训练和数据处理过程中，用户的隐私得到有效保护。

数据传输是大数据安全背景中容易受到攻击的环节之一。在大数据的传输过程中，数据可能经过多个网络节点，可能会被窃听、篡改或伪造。为了防范这些威胁，需要采用安全传输协议，如SSL/TLS等，加密数据传输通道，以确保数据在传输过程中的机密性和完整性。

大数据的开放共享特性也为数据安全带来了新的挑战。在大数据应用场景中，数据通常来自不同的组织和业务领域，因此需要制定合适的共享政策和机制。这包括建立数据共享的合法合规框架，规范数据的开放和使用，保护数据的知识产权，防范恶意滥用和非法获取。

在大数据安全背景中，合规性和法规遵从也是至关重要的一环。随着全球数据保护法规的不断完善，企业在进行大数据应用时必须遵守相关法律法规，保障数据的合法、规范使用。特别是对于涉及个人隐私的数据，如个人身份信息、健康信息等，更需要谨慎处理，以符合法律法规的规定。

大数据安全的背景中，人为因素也是一个不可忽视的因素。员工的安全意识和培训是保障大数据安全的基础。建立合理的权限管理制度，定期进行安全漏洞扫描和审计，及时发现和处理潜在的威胁，是确保大数据安全性的关键步骤。

大数据应用的安全背景涉及数据的采集、存储、处理、传输等多个环节，需要综合运用密码学、隐私保护技术、网络安全技术等多种手段，建立完善的安全体系。

在实际应用大数据时，保障数据的安全性不仅是一项技术工程，更是一个综合管理和治理的过程。只有全方位考虑各个环节的安全问题，才能真正实现大数据的安全应用。

（二）大数据安全与风险概述

在大数据时代，安全与风险问题愈发凸显，成为各行各业必须正视的重要议题。安全不仅仅是一种状态，更是一种持续的过程，保障数据免受未经授权访问、修改或破坏的能力至关重要。在这个过程中，风险则成为一种不可避免的存在，代表着潜在的威胁和损害。了解大数据应用中的安全与风险问题，对于保护个人隐私、维护商业机密、确保国家安全等方面具有深远的意义。

大数据安全不仅包括物理层面的设备和系统安全,更重要的是信息安全,即确保数据的保密性、完整性和可用性。保密性指的是防止未经授权的信息泄露,完整性涉及数据未被篡改或损坏,可用性则意味着数据在需要的时候能够被正常访问和使用。大数据风险是指潜在威胁和危害,可能导致数据丢失、泄露、被篡改,甚至是系统瘫痪等一系列不良后果。

在大数据环境下,安全问题变得尤为复杂。大数据的特点之一是数据量庞大,且来源多样,包括结构化数据、半结构化数据和非结构化数据。这种多样性使得数据的管理和保护更为复杂,因为不同类型的数据需要不同的安全措施。大数据的高速度、高并发性质使得传统的安全手段显得力不从心,新的安全技术和策略亟待研发和实践。

安全威胁的多样性是大数据应用中的一大挑战。黑客攻击、恶意软件、数据泄露等威胁层出不穷。黑客通过各种手段侵入系统,窃取敏感信息;恶意软件通过植入病毒或恶意代码,破坏系统正常运行;数据泄露可能源于内部人员的疏忽或敌对势力的攻击。这些威胁不仅会导致数据的泄露和丢失,还可能对企业的声誉和经济利益造成严重损害。

攻击手段的日益复杂也使得大数据安全形势雪上加霜。社交工程攻击、零日攻击、拒绝服务攻击等手段层出不穷,攻击者不断寻找新的漏洞和方式来绕过安全防线。社交工程攻击通过对个人或员工进行钓鱼等手段获取敏感信息;零日攻击则是指攻击者利用系统中尚未被发现的漏洞进行攻击;拒绝服务攻击旨在通过超载目标系统,使其无法正常提供服务。这些攻击手段的复杂性使得安全专家们需要不断升级和改进安全措施,以应对不断变化的威胁。

在应对大数据安全威胁时,建立全面的安全管理框架是至关重要的。这一框架需要包括从风险评估、访问控制到数据加密等一系列措施。风险评估是首要步骤,通过对系统和数据进行全面的评估,识别潜在的威胁和漏洞。访问控制通过建立用户身份验证、权限管理等机制,确保只有授权用户能够访问敏感数据。数据加密通过对数据进行加密处理,保障数据在传输和存储中的安全。

为了更好地应对安全威胁,制定相应的防护策略至关重要。网络安全是其中的一个重要方面,通过建立防火墙、入侵检测系统等措施,保护网络免受未经授权的访问。身份认证机制通过使用多重身份验证、生物特征识别等技术,确保只有合法用户能够访问系统。数据备份与恢复是另一个关键的策略。通过定期备份数据,并确保在发生灾难性事件时能够迅速恢复数据,最大程度地减小数据丢失的风险。

即便是最为严密的安全措施,也无法百分之百地杜绝风险。安全领域需要不断创新,寻找新的技术手段和策略来提高安全性。区块链技术被认为有望在大数据安全领域发挥巨大作用,通过去中心化和不可篡改的特性,提供更高层次的数据保护。人工智能技术也可以被引入,通过智能化的威胁检测和分析,提前发现潜在威胁。

实际案例对于深刻理解大数据安全与风险至关重要。历史上许多安全事件都对企业和组织造成了严重损失,这些案例不仅是教训,也是经验的积累。2017 年发生的美国征信机构 Equifax 数据泄露事件,使得近 1500 万美国人的个人信息泄露,对公司的声誉和业务产生了巨大冲击。这样的案例提醒我们,即便是全球最大的信用报告机构也难以免受安全威胁。大数据安全与风险管理将继续成为各领域关注的焦点。

随着科技的不断发展,新的威胁和风险也将不断涌现。在这个过程中,不仅需要不断改进现有的安全技术和策略,更需要探索新的安全模式和方法。只有通过全球合作、技术创新和经验总结,才能更好地应对大数据时代日益复杂和严峻的安全挑战。

二、大数据安全威胁与防护策略

(一)大数据安全威胁与攻击手段

大数据应用的兴起不仅为社会带来了便利,同时也引发了大量的安全威胁和攻击手段。这些威胁和攻击手段多种多样,具有高度复杂性,直接影响大数据的机密性、完整性和可用性。理解大数据安全威胁与攻击手段对于保护敏感信息和维护数据的安全至关重要。

大数据应用面临的一大安全威胁是数据泄露。数据泄露可能发生在数据采集、存储、传输、处理等多个环节。黑客通过网络攻击、恶意软件、社会工程攻击等手段,可能窃取大量敏感数据,包括个人身份信息、财务数据、商业机密等。内部人员的恶意行为也可能导致敏感数据的泄露,这包括员工滥用权限、泄密行为等。

数据篡改是另一大安全威胁。攻击者可能通过植入恶意软件、入侵系统等手段，篡改大数据中的信息。这可能导致信息不准确、失真，对业务决策和运营产生重大影响。尤其是在金融、医疗等领域，数据的准确性直接关系到人们的生命财产安全，因此数据篡改是一种严重的安全威胁。

大数据应用还面临着恶意软件和病毒的侵袭。攻击者可能通过恶意软件传播、钓鱼攻击等手段，将恶意软件引入系统中，破坏数据的机密性和完整性。这种类型的攻击可能导致系统崩溃、信息丢失，甚至勒索金融机构、企业等组织。

分布式拒绝服务（DDoS）攻击也是一种常见的威胁。攻击者通过大量的请求、流量向目标服务器发动攻击，导致服务器超负荷，无法正常服务。这种攻击可能使大数据系统无法正常运行，影响业务的连续性和稳定性。

在大数据的云环境中，由于多用户共享资源，数据隔离成为一个重要的安全问题。虚拟化技术的漏洞可能导致攻击者越权访问其他用户的数据，违反数据隐私和保密原则。共享云服务可能成为攻击者入侵的目标，通过攻击云服务提供商，间接影响大量用户的数据安全。

社交工程是一种常见的攻击手段，尤其在大数据应用中容易受到影响。攻击者可能通过伪装身份、欺骗用户，获取用户的账号密码等敏感信息。社交工程攻击可能导致恶意用户进入系统，获取敏感数据，并进行其他形式的攻击。

大数据安全威胁中还包括未经授权访问、恶意代码注入、网络嗅探等各种攻击手段。这些威胁和攻击手段在大数据应用中具有高度复杂性，攻击者往往采用多层次、多角度的手段，以绕过各种安全防护措施，对大数据系统进行渗透和破坏。

为应对这些安全威胁与攻击手段，大数据应用需要综合运用技术手段和管理手段。在技术层面，采用加密技术、身份认证、访问控制等手段加强数据的机密性和可用性；在网络层面，采用防火墙、入侵检测系统等网络安全措施，防范DDoS等攻击；在管理层面，加强人员培训，提高员工的安全意识，建立健全的安全策略和应急响应机制，对于大数据安全问题的防范和应对都起到重要作用。

大数据应用的安全威胁与攻击手段是多种多样的，需要综合运用各种手段，建立多层次的安全体系。只有通过技术手段的不断创新和管理手段的不断完善，才能更好地保障大数据的安全性，确保大数据的合法、安全、稳定应用。

（二）大数据安全防护策略

1. 构建大数据保护基本框架

针对大数据技术发展带来的安全风险，应尽快完善国内大数据安全防护框架，成立大数据安全保障相关组织和部门，建立健全法律法规及相关政策；针对不同领域特点和安全需求，各行业应尽快出台标准和实施指南，形成相关指导文件，以数据架构驱动并提高企业架构治理的成熟度，加强内控和监管，做好事前预防、事中监督和事后问责等系列工作。完善并规范数据的分类分级管理，针对数据生命周期涉及的各环节建立健全的流程规范。

2. 数据分类升级

为统筹管理数据，方便提供有针对性的保护，可将数据按照政府数据、关键基础设施数据、个人信息等不同类型进行划分，结合所收集数据敏感程度，建立相关标准，细化数据分级标准的粒度；平衡公民知情权和敏感信息、隐私之间的关系，明确应公开、透明的数据，将与国家、个人、商业等有关的敏感数据分别进行重点保护，以安全有效的管理方式促进数据良性循环并产生价值。

3. 构建大数据生命周期管控措施

为减少大数据使用带来的安全风险，应加强对大数据生命周期各环节的管控能力，针对大数据的收集、利用及管理方面开展风险分析，及时填补安全治理漏洞，形成安全可控的数据产业链。

（1）数据收集

数据收集作为生命周期的第一个环节，应引起相应的重视并加强管控力度，强调并规范数据获取中涉及的义务、方式与渠道，如企业在数据收集过程中，以足够引起用户注意的方式告知用户被采集信息及用途，并需获得用户的同意；通过法律法规及宣传加强个人与企业对数据的保护意识，整合现有数据收集工具和流程，通过合法渠道和技术手段收集所需数据，严惩并杜绝黑市交易与买卖数据现象。

（2）数据存储

随着云计算、人工智能、大数据技术的快速发展，跨境存储在全球各地的数据中心已成为大规模数据发展趋势，同时也带来较大的安全风险。面对国内行业因业务需要跨境存储、国外公司进入国内市场提供服务支持两种情况，在遵守服务器所在国（地区）的相关法律的同时，亟须完善我国数据落地存储相关法律法规，以公平的协议维护数据存储权利。此外，在存储个人信息方面，应尊重个人隐私和个人财产安全。由于个人成长过程会在工作学习、生活消费等各方面各阶段持续留存个人相关信息，因此应对此类数据存储时间提出限制要求，如对不再活跃账号的相关信息不可永久性存储。

（3）数据处理和使用

大数据技术存在将不敏感数据片段汇聚、挖掘、推理得出敏感信息的风险，因此应严格规范对数据的挖掘、聚合等分析操作。加强基于数据内容的安全访问控制和上下文访问控制策略，对基于一组敏感信息的上下文分析行为进行记录和审计，防止数据聚合技术的滥用；明确数据在分享、交易、管理等过程中涉及的社会关系，以及数据之间的逻辑关系；对敏感数据的存储采取单元抑制、数据库分离、噪声和扰动等手段，通过加入干扰项来防止敏感数据推理事件发生；确定主体对客体的执行操作，明确访问授权原则，为使用和管理数据的人员分配相应权限和期限，通过技术和管理手段提高数据处理及使用的安全保障措施。

（4）数据传输

目前，数据跨境流动分为两种模式：一是数据过境传输；二是数据被境外访问。企业通过数据跨境流动扩展了业务范围，提高了服务水平，但也随之涉及敏感数据跨境问题。因此，需要进一步明确数据分类和限制要求，建立符合我国国情的数据跨境管理策略，规范可跨境流通的数据类型；限制数据共享及交易范围，追踪及管控数据出境行为；加强跨疆界数据保护和执法的合作力度，推进国际合作，邀请多方参与程序和行为准则的制定环节，以有效执法和企业问责制为前提，承认彼此的数据保护框架，在数据价值保护上达成一致，打破受制于人的局面。

（5）数据销毁

目前，数据销毁方式分为两种类型，逻辑销毁和物理销毁。针对不同存储方式的数据明确其销毁方式，结合已认证、认可的销毁工具产品，严格遵循国内、国际标准实施销毁流程，并评估此销毁方式后数据可恢复性，以达到可信销毁目的。

第二节 大数据安全技术与策略

一、大数据安全技术概述

（一）大数据安全技术基础

大数据安全技术作为保障大数据系统安全的核心手段，涵盖了众多领域和方法。

加密技术是大数据安全的基石之一。通过采用对称加密和非对称加密等技术，可以有效保护大数据在存储和传输过程中的机密性。对于敏感数据，采用加密技术可以防范数据泄露和非法访问。

网络安全技术在大数据安全中发挥着关键作用。防火墙、入侵检测系统、虚拟专用网络等网络安全手段可以有效阻止恶意攻击，保障大数据系统的正常运行。网络隔离技术也是防范数据泄露的一项重要手段。通过划分网络区域，限制不同区域之间的访问，提高系统的安全性。

身份认证技术是保障大数据系统安全的必备手段。采用单一登录、多因素认证等技术，可以确保只有合法用户可以访问系统，防范未经授权的访问。身份认证技术还可以结合访问控制技术，对用户的权限进行精细管理，确保用户只能访问其具备权限的数据和功能。

访问控制技术是大数据系统中实现数据安全的重要手段。通过制定访问策略、权限分配，可以对用户和系统组件的访问行为进行控制。细粒度的访问控制技术可以确保不同用户只能访问其需要的数据，提高系统的安全性。

差分隐私技术是在保障数据隐私的同时进行数据分析的一种重要手段。通过在数据中引入噪音或者随机性，差分隐私技术可以在一定程度上保护个体隐私，防范数据滥用。这在涉及个人敏感信息的大数据应用场景中尤为重要。

安全审计技术是对大数据系统进行监测和记录的一项关键手段。通过对系统的操作、访问、修改等行为进行审计，可以及时发现潜在的安全问题和风险。安全审计技术不仅有助于追踪恶意攻击，还能为安全策略的调整提供实时数据支持。

漏洞扫描技术是对大数据系统进行主动检测和防范的手段。通过对系统进行定期的漏洞扫描，可以发现潜在的安全漏洞，及时进行修补，提高系统的安全性。漏洞扫描技术在大数据系统的建设和维护过程中发挥着重要的作用。

可信计算技术是在大数据系统中确保数据安全的一种重要手段。通过建立可信任的计算环境，包括硬件和软件的安全性认证，可以有效防范各类恶意攻击和非法访问。可信计算技术为大数据系统提供了更为安全的运行环境。

数据遗忘技术是在大数据系统中实现用户数据隐私保护的一项重要手段。通过定期清理和删除过期的用户数据，可以减少数据存储的冗余和风险，降低数据泄露的概率，提高系统的整体安全性。

安全管理与培训技术是保障大数据系统安全的综合手段。通过建立健全安全管理制度，包括制定安全策略、制定安全规范、定期安全培训等，可以增强系统管理者和用户的安全意识，加强对安全问题的管理和防范。

大数据安全技术涵盖了加密技术、网络安全技术、身份认证技术、访问控制技术、差分隐私技术、安全审计技术、漏洞扫描技术、可信计算技术、数据遗忘技术以及安全管理与培训技术等多个方面。这些技术的综合运用可以构建起一个全面、多层次、高效的大数据安全体系，保障大数据系统在复杂多变的网络环境中安全稳定地运行。

二、大数据加密与网络安全技术

（一）大数据时代的加密与身份认证技术

大数据时代的加密与身份认证技术是保障信息安全的重要环节。数据加密技术是一种通过数学算法将原始数据转换为难以理解的密文的方法，以防止未经授权的访问。在大数据应用中，加密技术的目标是保护数据的机密性，确保即使数据泄露，也无法被轻易解读。身份认证技术是验证用户身份的过程，以确保只有合法用户能够访问敏感数据和系统资源。数据加密技术的基础是使用加密算法对数据进行转换。对称加密算法使用相同的密钥进行加密和解密，而非对称加密算法使用一对公钥和私钥，其中一个用于加密，另一个用于解密。在大数据环境下，通常采用混合加密的方式，结合对称和非对称加密，以充分发挥各自的优势。在对称加密算法中，高级加密标准（AES）是一种常用的算法，具有快速、安全、高效的特点。它被广泛用于加密大数据文件和传输过程中的数据。而在非对称加密算法中，RSA 算法是一种常见的选择，其安全性建立在大素数分解的难题上。这些算法的选择取决于应用场景的需求，以及对性能和安全性的权衡。

除了传统的加密算法，现代大数据应用中还经常使用哈希函数来保护数据的完整性。哈希函数将任意大小的数据映射为固定大小的哈希值，其特点是单向性和不可逆性。在大数据中，哈希函数常用于验证文件的完整性、存储密码的安全散列等场景，为数据安全提供了基础保障。

身份认证技术在大数据应用中同样起到关键的作用。传统的身份认证方法包括用户名和密码，但在大数据时代，由于密码容易受到破解和盗窃的威胁，多因素认证逐渐成为主流。多因素认证结合了不同的身份验证因素，如密码、生物特征、硬件令牌等，提高了身份认证的安全性。

生物特征识别技术是多因素认证中的一种重要手段。指纹识别、虹膜识别、面部识别等技术被广泛应用于大数据应用场景，提供了更为精准和安全的身份验证方式。生物特征识别技术的优势在于用户无需记忆复杂的密码，同时具备高度的唯一性和不可伪造性。

在大数据加密与身份认证技术的实际应用中，金融行业是一个典型的案例。金融机构需要处理大量的敏感交易数据，数据加密是维护客户隐私和防止金融欺诈的关键。多因素身份认证技术被广泛应用于用户登录、交易授权等环节，以确保只有合法用户才能访问金融系统。

在医疗领域，大数据的应用日益增多，涉及到患者的个人健康信息。为了确保这些敏感数据的安全，医疗机构采用了数据加密技术，以及生物特征识别技术来实现医护人员身份的安全认证。这样的技术应用不仅保障了医疗信息的隐私，也提高了医疗系统的整体安全性。

大数据加密与身份认证技术也面临一些挑战。在大数据环境下，数据的复杂性和实时性可能对加密和解密的性能提出更高的要求。生物特征识别技术虽然精准，但也可能受到技术故障和攻击的影响。在大数据应用中，需要不断优化和升级加密与身份认证技术，以适应不断演变的安全威胁。

（二）访问控制与网络安全技术

访问控制与网络安全技术在大数据应用中扮演着至关重要的角色，它们相辅相成，共同构建起一个强大而灵活的安全保障体系。

1. 访问控制与网络安全技术概述

访问控制技术在大数据应用中的作用至关重要。通过访问控制技术，系统管理员能够对用户的访问进行精细的管理和控制。这种技术可以基于用户的身份、角色、权限等因素，确保只有合法用户才能够访问系统中的敏感数据和功能。通过访问控制，可以避免未经授权的用户进行非法访问和操作，从而提高了系统的安全性。网络安全技术是大数据应用安全的另一支重要支柱。大数据系统通常需要通过网络进行数据传输和交互，而网络的开放性也使其容易受到各种网络攻击的威胁。网络安全技术通过使用防火墙、入侵检测系统、虚拟专用网络等手段，对数据的传输通道进行保护，防范网络攻击，确保数据在传输过程中的完整性和机密性。

2. 访问控制与网络安全技术的作用

访问控制和网络安全技术的结合，构成了大数据应用中的综合安全机制。在访问控制方面，系统可以根据用户的身份和权限，限制其对敏感数据的访问。在网络安全方面，系统可以通过监测和阻断网络攻击，保障大数据系统的正常运行。这两者有机结合，使得大数据系统能够在复杂多变的网络环境中，保持高度的安全性和稳定性。

一种常见的访问控制技术是基于角色的访问控制（RBAC）。RBAC通过将用户分配到不同的角色中，每个角色拥有一定权限，从而简化了对用户权限的管理。这种模式下，系统管理员只需对角色进行授权，而不需要对每个用户进行单独授权，提高了管理的效率。在大数据应用中，RBAC可以根据用户的职责和任务划分出不同的角色，从而对大量的数据和功能进行有效的访问控制。

在网络安全方面，防火墙技术是一项核心的网络安全技术。防火墙通过设定网络访问规则，监控和过滤网络流量，有效地阻止了恶意攻击和未经授权的访问。在大数据应用中，防火墙可以对数据传输通道进行保护，防范各类网络攻击，确保大数据在网络中的安全传输。

虚拟专用网络（VPN）技术也是网络安全中的一项关键技术。VPN通过建立加密的隧道，将数据传输加密，保障了数据在传输过程中的机密性。在大数据应用中，尤其是在跨网络传输和远程访问的场景下，VPN技术能够提供更高层次的数据保护，防范数据在传输过程中的被窃听和篡改。

除了传统的访问控制和网络安全技术，大数据应用中还涌现出了一系列创新的安全手段。比如，基于属性的访问控制（ABAC）技术，该技术不仅考虑用户的身份和角色，还考虑了其他多样化的属性，如时间、位置等，从而更加灵活地进行访问控制。在网络安全方面，流量分析技术通过对网络流量进行实时监测和分析，可以及时发现网络异常和攻击行为，有助于迅速做出反应，提高系统的应对能力。

访问控制与网络安全技术在大数据应用中发挥着不可替代的作用。它们通过限制用户的访问权限，保障数据在传输中的安全性，构建起一个强大而全面的安全保障体系。在不断发展的大数据时代，进一步完善和创新这些安全技术，将为大数据应用的稳定和安全提供坚实的基础。

第三节 隐私保护与数据伦理

一、大数据应用中的隐私保护

（一）隐私定义与范围

1. 大数据应用中隐私定义

隐私是个人在信息社会中享有的一种权利，涉及个体对于其个人信息的掌控和保护。随着大数据应用的普及和数据采集的广泛，隐私问题日益凸显，其定义与范围也变得更为复杂和深刻。隐私的定义可涵盖个人信息的各个方面。个人信息包括但不限于姓名、身份证号码、手机号码、电子邮件地址等直接标识个体身份的信息，以及与个体相关的地理位置、购物记录、健康状况等更加敏感和个性化的信息。

隐私的定义涵盖了个体在不同领域、不同情境下的各种个人信息，以及对这些信息的控制和自主权。隐私的范围在不同的社会文化、法律体系下有所差异。不同国家和地区对于隐私的法律保护标准和法规框架不尽相同，反映了各地对于隐私权的不同理解和价值取向。

在一些国家，隐私被视为一项基本的人权，受到法律的强烈保护，而在某些国家，隐私权可能相对较弱。隐私的范围既受到法律的制约，也受到社会文化和伦理观念的影响。隐私的定义与范围还受到科技进步和信息社会发展的影响。随着大数据技术的迅猛发展，人们的个人信息在网络、社交媒体、移动应用等平台上被广泛采集、分析和利用。隐私的定义逐渐扩展到了个体在数字空间中的行为和活动，包括在线行为、社交媒体活动、搜索历史等数字足迹。人们逐渐认识到，个人信息的泄露可能不仅仅发生在传统的身份信息层面，还可能涉及更为细致、个性化的方面。

2. 大数据应用中隐私的范围

在大数据应用中，隐私的范围还涉及对于数据共享和交换的思考。大数据的特点之一是数据的交叉和融合，多个数据源之间可能进行大规模的关联分析。在这个过程中，个体的隐私可能受到更加复杂和全面的挑战。不仅需要对个体的基本身份信息进行保护，还需要思考如何保护在大数据分析中可能涉及的更为深层次、复杂化的个人信息，如偏好、习惯、社交关系等。

随着隐私问题的复杂化，个体对于隐私保护的需求也更为迫切。大数据应用中的隐私问题不仅是对法律法规的遵守，更是对于技术、制度和伦理方面的全面考量。在定义隐私的范围时，需要平衡个体的个人权益和社会公共利益，同时在法律、技术和伦理层面建立起有效的隐私保护机制。

隐私的定义与范围是一个动态变化的概念，受到法律、文化、科技和伦理等多方面因素影响。在大数据应用中，对于隐私的定义需要更为全面、深刻地考虑到个体信息的多样性和复杂性，同时在制度和技术上建立起更为严密和有效的隐私保护机制，以确保在信息社会中，个体的隐私得到充分尊重和保护。

（二）用户控制与知情权

在大数据应用的背景下，用户控制与知情权成为引发广泛关注的议题。在数字化时代，个人数据的收集、存储和分析变得越来越普遍，保障用户对其数据享有控制权和知情权显得尤为重要。

1. 用户对个人数据的控制权

用户对个人数据的控制权体现在他们能够决定何时以及如何分享个人信息。这一权利不仅关系个人隐私，更关系用户与服务提供商之间的信任关系。在大数据应用中，用户的搜索历史、地理位置信息、在线购物记录等个人数据被广泛收集，用户应当有权决定是否愿意分享这些信息。用户对自己数据的控制权能够为个体提供更多的自主选择权，使得大数据应用更符合个体的期望和需求。

2. 用户的知情权

用户知情权强调用户在数据收集和处理过程中应当充分了解信息的用途和可能的后果。在大数据时代，用户提供的数据可能被用于推荐系统、广告定向等多种用途。用户有权知晓他们的数据将被如何使用，以及这些使用可能对他们产生的影响。透明的数据使用政策和隐私声明是保障用户知情权的关键工具，它们应当清晰明了地表明数据的收集目的、使用方式以及可能的共享情况。

用户的知情权也包括对于数据处理算法和模型的透明度。在大数据应用中，机器学习算法被广泛应用于对用户行为的分析和预测。用户有权知道这些算法是如何工作的，以及它们是如何基于个人数据做出决策的。透明的算法可以帮助用户更好地理解数据背后的逻辑，增强用户对于数据处理过程的信任感。

用户控制和知情权与数据的删除权紧密相连。用户有权要求在不再需要个人数据的情况下，对其数据进行删除。这种权利被称为"被遗忘权"，在某些国家和地区的法规中被强调，旨在保障用户对于个人信息的自主管理权。这样的权利不仅使用户在大数据应用中更具主动性，也促使数据处理者更为谨慎地处理和保存用户的个人数据。

尽管用户控制与知情权的重要性日益凸显，实际上要实现这些权利并非易事。大数据应用背后的商业模式往往依赖个人数据的收集和分析，一些公司可能不愿意完全透明地展示其数据处理方式，也可能对用户的删除请求产生抵触。由于大数据应用通常牵涉到复杂的技术和算法，用户理解这些过程并不容易，这给用户的知情权带来了一定的挑战。

解决这一问题的关键在于建立更加透明、公正的数据管理机制。这包括但不限于加强数据保护法规的制定和执行，推动企业制定明确的隐私政策，以及加强公众对于大数据应用中数据处理过程的监督。技术界应当努力提高数据处理算法的可解释性，使得用户更容易理解这些算法的工作原理，增进用户对于大数据应用的信任感。

用户对个人数据的控制权和知情权是构建公正、透明大数据社会的基石。通过强调用户在数据收集和处理过程中的权利，可以更好地平衡科技发展和个体隐私之间的关系，使得大数据应用更加符合伦理原则和社会价值。

（三）隐私法规与政策

隐私法规与政策在大数据应用中起到了至关重要的作用，它们不仅对个体隐私的合法权益进行了保护，也对企业和组织在数据处理中的责任和义务进行了规范。隐私法规与政策的制定是对信息社会中隐私权利的法律明文保障。这些法规和政策通常明确了个体对于自身个人信息的掌控权，规定了企业和组织在收集、存储、处理和传输个人信息时应遵循的法律标准和规范。这为个体提供了法律依据，使其在大数据应用中能够享有合法的隐私权益。

隐私法规与政策对于个体的知情权和选择权进行了强调。这些法规通常要求企业和组织在收集个人信息之前，必须向个体明确告知其信息收集的目的、范围和用途，并征得个体的同意。这一机制旨在保障个体对于自身信息的知情权，使其能够自主选择是否愿意将自己的信息提供给相关方。

隐私法规与政策还规定了数据处理的合法性和正当性原则。在大数据应用中，个体的信息可能被用于各种分析、挖掘和商业用途，这些法规要求企业和组织在处理数据时必须遵循合法、正当、必要的原则。这既确保了企业在使用个人信息时合法，也限制了其对于个体信息的滥用。

隐私法规与政策还强调了数据安全和隐私保护的责任。这包括对个人信息的安全保护措施、数据泄露事件的通知义务等方面的规定。企业和组织在大数据应用中必须建立完善的信息安全管理体系，采取必要的技术和组织措施，确保个体信息不受到未授权的访问、披露或篡改。

在国际层面，一些隐私法规和政策更强调个体数据跨境流动的问题。由于大数据的特性，数据可能在全球范围内进行跨境传输和共享。隐私法规要求企业和组织在进行跨境数据流动时需要符合一定的法律要求，保障个体数据在国际范围内的隐私权益。

隐私法规与政策在大数据应用中的制定和执行，旨在平衡个体的隐私权益与大数据应用的合法需求。它们不仅为个体提供了法律保障，保护了个人信息的隐私，也规范了企业和组织在数据处理中的行为，促使其合规经营。在信息化社会的背景下，进一步加强隐私法规与政策的研究和制定，提高对大数据隐私问题的认识，将为个体和企业在大数据应用中的权益保护提供更为有效的法律支持。

二、大数据应用中的数据伦理

（一）数据伦理概念与原则

1. 数据伦理的概念

数据伦理是一种在大数据应用中引起广泛关注的概念，它强调在数据处理和应用中遵循一系列道德和伦理原则，以确保数据的公正、透明、负责任的使用。数据伦理并非一成不变的规范，而是随着科技进步和社会变革而不断演进的。

数据伦理的核心在于对数据的敬畏和尊重。这一概念强调，数据并非单纯的数字或信息，而是反映着现实生活中个体、社群和组织的行为和特征。对数据的使用应当以尊重个体隐私、维护数据完整性为前提，避免对数据的滥用和误用。

2. 数据伦理的原则

数据伦理的原则之一是透明度。透明度要求数据的采集、处理和使用过程应当对相关方充分公开和可理解。这包括数据收集目的、使用方法、可能的后果等方面的信息应当清晰明了，以使数据主体能够充分理解其数据被如何应用。透明度不仅是对个体权利的尊重，也有助于建立数据处理的信任基础。

公正性是数据伦理的另一重要原则。公正性要求数据处理过程中不得歧视个体或社会群体。在大数据应用中，可能因为算法偏见、数据不平衡等原因导致不公正的结果。公正性原则要求在数据处理中避免歧视性的算法和模型，确保数据应用的结果不会加剧社会不平等。

负责任是数据伦理的基石之一。负责任要求数据处理者在使用数据时不仅要遵循法规法律，还要对数据应用的社会和伦理影响负起责任。这包括在数据使用过程中积极考虑社会影响，采取必要的措施防范潜在的负面影响，并对数据处理的结果负责。

数据伦理强调了用户参与和自治的原则。用户参与意味着数据主体有权参与到数据处理的决策中，包括对其数据的使用目的进行选择、对数据的修改和删除等。自治原则要求在尊重用户意愿的前提下，数据主体有权对其数据进行自主管理，包括对其数据的控制权、知情权等。

伦理审查是在数据伦理原则指导下实现的一种机制。伦理审查通过对数据处理过程进行伦理评估，确保数据处理活动符合道德准则和社会价值。这需要建立独立的伦理审查机构。通过伦理审查来监督大数据应用中的数据处理活动，从而保障伦理原则的实施。

数据伦理原则和概念需要在不同的社会和文化背景中得到理解和适应。不同国家和地区对于数据伦理的理解和法规不尽相同，在国际层面上建立共识和标准也是一个值得重视的方向。跨文化和国际合作有助于更好地制定和推动全球范围内的数据伦理标准。

（二）大数据伦理框架

数据伦理的概念和原则构成了在大数据应用中处理数据时的伦理框架。这一框架强调了对数据的尊重、透明、公正、负责任、用户参与和自治等原则，旨在确保数据的合法、道德和社会贡献。通过建立和完善这一伦理框架，可以更好地引导大数据应用朝着符合人类伦理和社会价值的方向发展。

大数据伦理框架是在大数据应用中确保数据处理和使用的合法、公正、透明和负责任的基础上建立起来的一种原则性指导体系。这一框架旨在平衡数据的创新应用和个体隐私权益的保护，同时考虑到社会公平、公正和可持续发展等多方面因素。

大数据伦理框架注重尊重个体的隐私权。在大数据应用中，个体的信息可能被广泛采集、分析和利用。伦理框架要求在数据收集和处理过程中，充分尊重个体的隐私权，明确告知个体数据的用途和处理方式，并确保在合法、正当范围内进行数据的使用。这有助于避免个体信息被滥用或未经授权的使用，维护个体的隐私权益。

大数据伦理框架关注数据的公正和公平使用。在大数据分析中，数据可能来源于不同社会群体、文化背景和经济状况。伦理框架要求在数据处理过程中避免歧视性行为，确保数据的使用是公正而均衡的。这有助于防止数据分析结果对于特定社会群体的不当偏见，促进社会公正和公平。

大数据伦理框架强调数据的透明和可解释性。在大数据分析中，往往采用复杂的算法和模型进行数据挖掘和分析，这使得分析结果的生成过程难以理解。伦理框架要求在数据处理过程中保持透明，明确解释数据处理的目的、方法和影响。这有助于建立公众对于数据处理过程的信任，并提高社会对于大数据应用的接受程度。

大数据伦理框架还强调负责任的数据管理和使用。负责任的数据管理不仅包括合规性，还包括对于数据质量的保障、数据误差的修复、数据滥用的追究等方面。伦理框架要求企业和组织在数据处理中负起社会责任，确保数据的可信度和可靠性，同时积极回应社会的关切和质疑。

在大数据伦理框架中，社会参与和合作也是一个关键要素。伦理框架不仅鼓励企业和组织，还包括学术界、政府机构和公众在内的各方面参与到大数据伦理的建设和监督中。通过多方合作，能够更好地综合各方利益，确保大数据应用的公正性和社会效益。

大数据伦理框架要求不断地适应和更新。随着技术的发展和社会的变迁，大数据应用中的伦理问题也会不断演变。伦理框架需要不断审视和更新，以适应新的挑战和问题。这需要企业、组织和社会各方共同努力，形成一个灵活而有力的大数据伦理治理机制。大数据伦理框架是在大数据应用中为了保障数据的合法性、公正性、透明性和负责任性而建立的原则性指导体系。通过强调个体隐私权益、数据的公正和公平使用、透明和可解释性、负责任的数据管理和社会参与等方面，伦理框架旨在构建一个更加和谐、公正和可持续的大数据社会。

第四节 法律法规与大数据隐私合规

一、法律法规对大数据隐私的基本框架

（一）大数据隐私法律法规概述

1. 数据隐私法律法规概述

数据隐私法律法规的概述是在数字化时代中保护个人数据隐私的关键。这些法规旨在确保个人数据在收集、存储、处理和传输过程中得到合理的保护，同时平衡了数据的使用和个人隐私的权益。

许多国家和地区都制定了数据保护法律和法规，例如，欧盟的《通用数据保护条例》（GDPR）和美国的《加州消费者隐私法案》（CCPA）。这些法律规定了组织在处理个人数据时必须遵守的原则和规定，包括数据收集目的的明确、数据安全措施的采取、个人权利的保护等。

大数据时代对数据隐私提出了新的挑战，因此一些国家和地区也在制定新的法规来适应这一变化。例如，一些国家要求企业在进行大数据分析时必须获得用户的明示同意，并提供透明的隐私政策说明数据的使用目的和范围。

一些国际组织也发布了关于数据隐私的指导性文件，例如，《个人数据隐私和跨境数据流保护指南》（OECD）和《个人数据保护和隐私原则》（UNESCO）。这些文件提供了全球性的指导原则，帮助各国制定符合国际标准的数据保护法律和法规。

2. 法规制定背景与原因

法规制定的背景和原因主要源自对大数据应用过程中可能涉及的隐私和个人信息保护的担忧。随着大数据技术的不断发展和应用，个人信息的收集、存储、处理和利用已经成为日常生活和商业活动中的重要组成部分。然而，个人信息的泄露和滥用问题也日益突出，给用户的隐私权和个人信息安全带来了较大的风险和威胁。

为了保护个人信息的隐私权和安全，各国和地区纷纷制定了相关的大数据隐私法律法规。这些法规的制定旨在建立起一套完善的法律框架和监管体系，明确规定了个人信息的收集、使用、处理和保护的规则和标准，从而保障用户的隐私权和个人信息安全。

在美国，最具代表性的大数据隐私法规是《通用数据保护条例》（GDPR）和《个人信息保护与电子文件法》（HIPAA）。GDPR 是欧盟于 2018 年颁布的一项重要法规，旨在加强对于个人数据的保护，规定了个人数据处理的条件和规则，并对于数据处理者和数据控制者的责任和义务做出了明确规定。HIPAA 则是美国的一项医疗信息保护法律，主要针对医疗信息的收集和使用进行规范。

在中国，大数据隐私法律法规的发展也比较迅速。2021 年，《个人信息保护法》正式颁布实施，成为我国个人信息保护的重要法律基础。该法规规定了个人信息的基本原则和基本规则，明确规定了个人信息的收集、使用、处理和保护的条件和标准，加强了对个人信息的保护和管理。2021 年颁布的《数据安全法》也对大数据的安全和隐私保护做出了更为细致的规定。

除了上述法规外，还有一些其他国家和地区制定了相关的大数据隐私法律法规，如加拿大的《个人信息保护与电子文件法》（PIPEDA）、澳大利亚的《隐私法》等。这些法规在不同国家和地区之间可能存在一定差异，但都致力于保护用户的隐私权和个人信息安全，为大数据的发展提供了有力的法律保障。

大数据隐私法律法规的制定是对于个人信息保护意识和法律监管的一种重要体现。这些法规的出台旨在保护用户的隐私权和个人信息安全，建立起一套完善的法律框架和监管体系，促进大数据应用的合法、规范和可持续发展。

（二）大数据隐私法律法规实践与遵从

1. 隐私政策与声明

隐私政策与声明在大数据领域中具有重要意义。大数据的发展使得个人信息的收集、存储和处理变得更加便捷和广泛，因此隐私保护问题备受关注。隐私法律法规对于保护个人信息安全、维护用户权益至关重要。

隐私政策是指组织或企业向用户明确说明其个人信息收集、使用、共享和保护方式的声明。隐私政策应当遵循相关的法律法规，如《个人信息保护法》《网络安全法》等，确保用户在使用产品或服务时了解其个人信息的处理情况，并保障其隐私权利。

大数据隐私法律法规主要包括个人信息保护法律、网络安全法等相关法规。这些法规对于个人信息的收集、存储、处理、传输等环节都提出了明确的规定和要求，如应当获得用户的明示同意、明确告知信息使用目的、采取必要的安全措施等。

大数据隐私法律法规还强调了个人信息的安全保护责任。企业或组织应当建立健全个人信息保护制度，加强信息安全管理，保障用户的个人信息安全。法律法规还规定了违反个人信息保护规定的处罚措施，对于违法行为将给予相应的法律制裁。

隐私政策与声明在大数据时代具有重要意义，它是企业或组织保护用户隐私、维护用户权益的重要方式。大数据隐私法律法规则为隐私保护提供了明确的法律依据和规范，促使企业或组织合规运营，保障用户的个人信息安全。

2. 数据保护措施

数据保护措施是在大数据时代中确保个人数据隐私的关键。这些措施包括技术和管理两个方面，旨在保护数据的安全和隐私，防止数据泄露和滥用。

技术措施包括加密、身份验证、访问控制等。加密技术可以将数据转换为密文，以防止未经授权的访问和窃取。身份验证技术可以确保只有经过授权的用户才能访问数据。访问控制技术可以限制用户对数据的访问权限，以保护数据的机密性和完整性。

管理措施包括建立健全数据保护政策和流程、进行员工培训和意识提升等。数据保护政策和流程应该明确规定数据的收集、存储、处理和传输等方面的规定和要求。强化员工培训和意识可以帮助员工了解数据保护的重要性，并掌握正确的数据处理方法和操作技能。

大数据隐私法律法规规定了组织在处理个人数据时必须采取的措施和责任。例如，法规要求组织必须采取合理的技术和管理措施，确保个人数据的安全和隐私。法规还规定了组织在数据收集、使用和共享等方面的限制和义务，以保护个人数据的权益和利益。

数据保护措施是在大数据时代中保护个人数据隐私的重要手段。通过技术和管理两个方面的措施，可以有效保护数据的安全和隐私，防止数据泄露和滥用。大数据隐私法律法规的制定和实施对于保护个人数据的权益和利益具有重要意义。

二、大数据隐私保护法规在不同行业的应用

大数据隐私保护法规在不同行业的应用是保障个体隐私权益和维护数据安全的重要举措。这些法规在不同行业的应用不仅强调了个体隐私权益的保护，也考虑到了各行各业的特殊性和实际应用场景。

（一）金融行业

金融行业是大数据应用中的一个重要的领域。大数据在金融行业的应用涉及大量个体的财务信息和交易记录，隐私保护尤为重要。隐私法规要求金融机构在进行大数据分析时，必须合法、正当地获得个体的同意，同时在数据处理过程中确保个体的财务隐私得到有效的保护。法规还要求金融机构建立健全信息安全管理体系，采取技术和组织措施，防范个体财务信息的泄露和滥用。

（二）医疗行业

在医疗行业，大数据应用涉及患者的医疗记录、疾病诊断和治疗方案等敏感信息。隐私法规要求医疗机构在进行大数据分析时，必须获得患者的知情同意，并确保医疗数据的隐私性得到充分尊重。法规强调医疗机构需要建立完善的隐私保护政策和措施，确保医疗数据的安全性和机密性。

（三）电商行业

在电商行业，大数据应用主要涉及消费者的购物记录、偏好和个人信息。为保护消费者隐私，隐私法规要求电商平台在进行大数据分析时，必须明确告知用户数据的使用目的，并获得用户的同意。法规还要求电商平台加强对用户数据的安全管理，预防个人信息泄露和滥用。

（四）教育行业

教育行业也是大数据应用的领域之一，涉及学生的学习记录、成绩和行为数据。隐私法规要求教育机构在进行大数据分析时，必须保护学生的隐私权益，获得学生及其监护人的同意。法规强调教育机构需要建立健全隐私保护体系，保障学生敏感信息的安全性。

三、法规对大数据隐私技术的意义

（一）法规对大数据隐私技术的影响

1. 法规对大数据隐私技术基础的影响

法规对大数据隐私技术的影响在于塑造技术的应用边界，规范数据处理者的行为，以保障个体隐私权益。随着大数据技术的不断发展，法规起到了引导、规范和推动技术应用的作用，从而在保障隐私的同时促进技术的创新与发展。法规对大数据隐私技术的影响体现在对技术合规性的要求上。随着大数据应用的广泛普及，相关法规对数据处理者提出了更为严格的合规要求。法规要求大数据隐私技术在数据采集、处理、存储、传输等环节都要符合规范，保障个体信息的安全与隐私。

2. 法规对隐私技术的要求

法规强调技术透明度的重要性。大数据隐私技术往往涉及复杂的算法和模型，为了保障个体对其数据处理过程的了解权，法规要求数据处理者对技术进行透明的说明。这包括算法决策的可解释性以及数据使用的透明度，使得用户能够理解技术是如何处理其个人信息的。

法规还对于隐私技术的创新提出了一定要求。为了适应大数据时代的挑战，法规鼓励数据处理者采用新颖、高效的隐私保护技术，以更好地保护用户隐私这推动了技术研究者在隐私保护领域的不断创新，为大数据应用提供了更为安全、有效的技术手段。

法规还强调了对于隐私技术效果的评估与验证。在大数据应用中，很多隐私保护技术需要经过严格的验证，确保在实际应用中的有效性。法规要求数据处理者对采用的隐私技术进行充分的测试与评估，以保障在实际应用中对隐私的有效保护。

法规也关注了技术差异对于隐私保护的影响。在大数据应用中，不同的技术可能产生不同的隐私风险，法规要求数据处理者在选择和采用隐私技术时要综合考虑技术的特点、隐私的敏感性，以及其对用户权益的影响，保证技术的合理性与必要性。

法规对技术安全性的要求也是大数据隐私技术的一个重要方面。由于大数据应用中涉及海量的敏感信息，法规要求数据处理者采取一系列措施保障数据的安全，包括数据加密、身份验证、安全存储等技术手段，以防止数据泄露与滥用。

法规对大数据隐私技术的影响是为了在技术应用中保障个体隐私权益的同时促进技术的发展。通过对技术的透明要求、创新鼓励、安全保障等方面的规范，法规在引导技术应用的同时维护了个体隐私权益，实现了技术与法规的有机融合。

（二）法规与大数据隐私合规的挑战与前景

1. 法规与大数据隐私合规的挑战

法规与大数据隐私合规面临着一系列挑战与前景。在挑战方面，首要问题是法规的滞后性。由于大数据技术的快速发展，法规相对滞后于技术进步，导致法规无法及时跟上大数据应用的新变化和新问题，给合规带来困难。

法规的复杂性是一个挑战。大数据涉及众多领域，包括但不限于金融、医疗、电商、交通等，每个领域都有特定的法规要求。这导致企业在进行大数据应用时需要同时遵循多个领域的法规，使得合规性变得繁琐和复杂。

大数据应用通常涉及全球范围内的数据传输和共享，不同国家和地区有不同的法规和隐私标准。在这种情况下，企业需要在保障数据合规的处理不同国家法规的差异，增加了合规的难度。

技术的复杂性也是一个合规的挑战。大数据应用往往采用先进的算法和模型进行数据分析,这些技术本身就很复杂,使得法规在监管和检查方面难以全面理解和评估。

2. 法规与大数据隐私合规的前景

在前景方面,大数据隐私合规的发展是一个不断完善和逐步成熟的过程。随着社会对于隐私权益的重视和法规的不断完善,大数据隐私合规将逐步迎来更加清晰的方向和规范。未来法规有望更加完善。由于大数据应用的广泛性和对隐私的深刻影响,各国和地区将更加重视制定和完善相关法规。这有助于建立更加细致和全面的隐私保护框架,使企业更容易理解和遵循相关法规。

国际合作将推动大数据隐私合规的前景。随着大数据应用的跨国性,国际间的合作将变得更加紧密。相关法规和标准的国际协调将降低企业在不同国家运营时的合规难度,促进大数据在全球范围内的安全合规应用。

一些新的技术手段将有望解决大数据隐私合规的问题。隐私保护技术和安全算法的不断创新,有望为企业提供更强大的工具,帮助其更好地实现大数据的安全处理和隐私保护。

企业内部的隐私文化建设也将成为一个重要方向。企业需要通过培训、教育等手段提高员工对隐私保护的意识,构建一个注重隐私合规的内部文化,从而确保整个组织更好地遵循法规。

虽然法规与大数据隐私合规面临一系列挑战,但随着社会对隐私权益的认知提高和法规的逐步完善,以及技术的进步和国际合作的深化,大数据隐私合规有望在未来得到更好的发展。企业需要密切关注法规的更新,加强内部隐私文化建设,借助技术手段提高合规水平,以更好地适应大数据应用的发展趋势。

第六章 大数据在商业与市场中的应用

第一节 大数据驱动的市场分析

一、大数据驱动的市场背景分析

(一) 大数据驱动的市场趋势与机遇

1. 行业变革与创新

行业变革与创新是大数据时代的重要特征之一。随着信息技术的发展和互联网的普及,大数据正在成为推动各行业发展和转型的关键驱动力。大数据驱动的市场背景体现在以下几个方面。

大数据技术的成熟和普及使得企业能够收集、存储和处理大规模的数据。这些数据包括用户行为数据、市场趋势数据、产品销售数据等。通过对这些数据进行分析和挖掘,企业可以更好地了解市场需求、优化产品设计和提高服务质量,从而实现商业价值的最大化。

消费者的行为和偏好正在发生深刻变化。随着互联网的普及和移动设备的普及,消费者越来越倾向于在线购物、社交媒体互动等数字化行为。这些行为产生了大量数据,为企业提供了更多的营销和服务机会。通过大数据分析,企业可以更准确地把握消费者的需求和偏好,精准定位目标用户,提供个性化的产品和服务。

大数据技术正在改变传统行业的运营模式和商业模式。例如,传统零售行业正面临着电商挑战,而大数据技术可以帮助零售商更好地理解消费者需求,优化供应链管理,提高营销效率。同样,金融行业也在利用大数据技术进行风险管理、信用评估等方面的创新，提高服务质量和效率。

大数据驱动的市场背景也促进了创新型企业的涌现和发展。许多创新企业通过大数据技术提供新的产品和服务，打破传统行业的壁垒，颠覆传统商业模式。这些创新企业在人工智能、物联网、区块链等领域进行探索和实践，推动了行业的变革和进步。

大数据驱动的市场背景体现在数据技术的成熟和普及、消费者行为的变化、传统行业的转型以及创新企业的涌现等方面。这些变化不仅改变了行业竞争格局，也为企业提供了更多机遇和挑战。

2. 数据驱动决策

数据驱动决策是指利用大数据技术和数据分析方法来支持和指导决策过程，以实现更准确、更有效的决策结果。在当今竞争激烈的市场环境下，企业面临着来自多方面的挑战和压力，包括市场竞争、客户需求、产品创新等方面。在这样的背景下，数据驱动决策成为企业获取竞争优势和实现持续发展的重要手段之一。

数据驱动决策的市场背景主要包括以下几个方面。

随着信息技术的发展和互联网的普及，企业可以获取到越来越多的数据资源，包括用户行为数据、市场数据、竞争对手数据等。这些数据源丰富而多样，为企业提供了丰富的信息资源，为数据驱动决策提供了重要基础。

市场竞争的日益激烈推动了企业加强数据驱动决策的应用。在竞争激烈的市场环境下，企业需要更准确、更及时地了解市场动态和竞争对手的行为，以及满足客户需求和预测市场趋势。通过数据驱动决策，企业可以更好地把握市场机会和挑战，制定更有效的市场策略和营销方案。

消费者行为的变化促使企业加强数据驱动决策的应用。随着消费者行为的不断变化和个性化需求的增加，传统的市场营销模式已不能满足消费者的需求。企业需要通过数据驱动决策来更好地了解消费者的需求和偏好，以及制定更个性化和针对性的产品和服务策略。

技术的发展和创新为数据驱动决策提供了支持。随着大数据技术、人工智能和机器学习等技术的不断发展和应用，企业可以更好地处理和分析海量数据，发现数据中隐藏的规律和价值。这些技术的应用不仅提高了数据处理和分析的效率，也为企业提供了更丰富和更精准的数据驱动决策支持。

数据驱动决策的市场背景主要包括数据资源的丰富、市场竞争的激烈、消费者行为的变化和技术的发展等方面。在这样的市场环境下，企业需要加强数据驱动决策的应用，以更好地把握市场机遇和挑战，实现持续发展和竞争优势。

（二）大数据驱动的市场背景与应对策略

1. 数据质量与管理

大数据驱动的市场背景分析是当今商业领域的重要议题。随着信息技术的飞速发展和互联网的普及，大数据已成为企业经营管理的关键资源之一。在这个背景下，数据质量与管理显得尤为重要。

大数据驱动的市场背景主要体现在数据的广泛应用和不断增长的数据量。随着互联网的普及和数字化技术的发展，越来越多的数据被生成和积累，企业通过分析这些数据来发现商机、洞察市场趋势，已经成为商业竞争的重要手段。

大数据驱动的市场背景还表现在数据分析技术的不断成熟和普及。随着数据分析技术的发展，包括机器学习、人工智能等技术在内的数据处理方法变得越来越成熟，使得企业能够更加高效地从海量数据中提取有价值的信息，并进行精准的市场定位和产品推广。

大数据驱动的市场背景还在于企业对于数据的重视和需求不断增加。企业逐渐意识到，数据是其核心资产之一。通过对数据的收集、分析和应用，可以提高企业的竞争力和盈利能力，对于数据的质量和管理提出了更高的要求。

数据质量与管理在大数据驱动的市场背景下显得尤为重要。数据质量直接影响着数据分析的准确性和可信度，而数据管理则能够有效地保障数据的安全性和完整性。只有确保数据质量和管理到位，企业才能够更加有效地利用大数据来指导经营决策，提升企业竞争力。

大数据驱动的市场背景下，数据质量与管理成为企业发展的关键因素之一。只有充分利用好数据资源，加强数据质量和管理，企业才能够在激烈的市场竞争中立于不败之地，实现持续稳健的发展。

2. 人才短缺与培养

人才短缺与培养在大数据驱动的市场背景下显得尤为重要。随着大数据技术的迅速发展和应用，对于具有数据分析、数据挖掘、人工智能等相关技能的人才需求日益增加。然而，目前市场上这类人才的供给并不足够，存在着人才短缺的问题。

大数据技术的发展对人才的需求呈现多样化和复杂化趋势。从数据收集到数据处理、分析再到可视化呈现，整个数据价值链条上都需要各种不同领域的专业人才进行支持和协作。而这些领域的人才包括数据科学家、数据工程师、机器学习工程师等，这些岗位的专业技能和知识水平要求较高。

大数据领域的技术更新迭代速度快，要求从业人员不断学习和更新知识。由于技术的快速发展，市场上的技术人才需要不断学习新的技术和工具，以适应市场需求的变化。人才培养不仅仅是一次性的，而是需要持续投入和关注的过程。

大数据领域的跨学科性也增加了人才培养的难度。大数据不仅涉及计算机科学和信息技术，还涉及统计学、数学、经济学等多个学科领域。需要培养具有跨学科背景和综合能力的复合型人才，这对于学校教育体系和企业内部培训机制提出了更高要求。

解决人才短缺问题需要各方共同努力。政府、企业、高校等应加强合作，共同制订人才培养的政策和计划，提高大数据相关专业的教育质量和教学水平。企业也应该加大对人才培养的投入，建立完善的培训机制和激励机制，吸引更多的人才加入大数据领域。

人才短缺与培养在大数据驱动的市场背景下是一个长期的挑战和任务。通过加强合作、提高教育质量和加大投入，可以有效地解决人才短缺问题，促进大数据技术的健康发展和行业的持续创新。

二、大数据在市场分析中的应用

（一）大数据在市场分析中的基础知识和方法

1. 大数据市场分析概述

大数据市场分析是指利用大数据技术和数据分析方法来研究和预测市场的行为和趋势，以及分析竞争对手和客户的行为和偏好，为企业制定营销策略和决策提供支持和指导。大数据在市场分析中的应用具有重要意义，可以帮助企业更准确地了解市场动态，把握市场机会，提升市场竞争力。

大数据可以帮助企业更准确地了解市场需求和客户行为。通过分析大数据，企业可以了解客户的购买行为、偏好和消费习惯，以及对产品和服务的满意度和需求水平。这些信息对于企业制定产品定位、定价策略和营销方案具有重要意义，可以帮助企业更好地满足客户需求，提升产品和服务的市场竞争力。

大数据可以帮助企业更好地了解竞争对手和市场趋势。通过分析竞争对手的销售数据、市场份额和市场活动，企业可以了解竞争对手的策略和行为，从而及时调整自己的市场策略和战略布局。通过分析大数据还可以预测市场趋势和行业发展方向，为企业的战略决策提供重要参考。

大数据可以帮助企业进行精准营销和个性化推荐。通过分析客户的购买历史、浏览行为和社交媒体数据等，企业可以了解客户的兴趣和偏好，从而为客户提供个性化的产品和服务。这种精准营销和个性化推荐不仅可以提升客户满意度，还可以提高营销效率和销售额。

大数据可以帮助企业进行风险管理和决策支持。通过分析市场数据、经济指标和企业内部数据，企业可以识别和评估潜在风险，及时采取措施进行防范和化解。大数据还可以为企业的决策提供支持和指导，帮助企业制定更科学、合理的决策，降低决策风险。

大数据在市场分析中的应用具有重要意义，可以帮助企业更准确地了解市场需求和客户行为，把握市场机会，提升市场竞争力。通过分析客户行为、竞争对手和市场趋势，进行精准营销和个性化推荐，以及进行风险管理和决策支持，企业可以更好地应对市场挑战，实现持续发展和竞争优势。

2.市场趋势预测与预测模型

市场趋势预测与预测模型在大数据时代的应用日益受到重视。随着大数据技术的发展和数据量的爆炸性增长，企业越来越依赖数据驱动的方法来进行市场分析和预测。大数据在市场分析中的应用主要体现在以下几个方面。

大数据可以帮助企业更准确地捕捉市场趋势。通过分析海量的历史数据和实时数据，企业可以发现隐藏在数据中的规律和趋势，预测未来市场的发展方向和变化趋势，为企业的战略决策提供重要参考。

大数据可以构建高效的预测模型。基于机器学习、深度学习等技术，企业可以利用大数据构建各种预测模型，如时间序列分析、回归分析、聚类分析等，从而对市场的需求、价格、竞争态势等进行预测和模拟，为企业提供决策支持。

大数据可以实现个性化的市场预测和推荐。通过分析用户的行为数据和偏好信息，企业可以为用户量身定制个性化的产品和服务，提高用户满意度和忠诚度，从而实现更精准的市场预测和营销。

大数据还可以帮助企业进行风险管理和控制。通过分析市场数据、行业数据和企业内部数据，企业可以及时发现和评估潜在的风险因素，采取相应的措施进行风险防范和管理，降低经营风险。

大数据在市场分析中的应用为企业提供了更准确、更高效的预测和决策支持。通过充分利用大数据技术和分析方法，企业可以更好地把握市场动态，应对市场变化，提高市场竞争力，实现可持续发展。

（二）大数据在市场分析中的应用案例与实践

1. 消费者行为分析

消费者行为分析是市场营销中至关重要的一环，而大数据技术在市场分析中的应用正日益成为行业的主流趋势。大数据技术通过收集、处理和分析海量的消费者数据，为企业提供了更深入、更全面的了解消费者行为的途径。

大数据技术能够帮助企业更好地了解消费者的购买偏好和行为习惯。通过分析消费者的购物记录、浏览历史、搜索关键词等数据，企业可以发现消费者的偏好、趋势和需求，从而调整产品设计、定价策略和营销方案，提高销售额和市场份额。

大数据技术能够帮助企业进行精准营销和个性化推荐。通过分析消费者的个人信息和行为数据，企业可以根据消费者的兴趣、偏好和购买历史，向他们推荐个性化的产品和服务，提高购买转化率和客户满意度。

大数据技术还能够帮助企业进行市场预测和趋势分析。通过分析市场数据、竞争对手的表现和外部环境的变化，企业可以预测市场趋势和未来发展方向，及时调整策略和布局，抢占市场先机。

大数据技术能够帮助企业进行竞争情报和竞争分析。通过监测竞争对手的活动和市场表现，企业可以了解竞争对手的策略和优势，从而制定更有效的竞争策略和应对措施，保持市场竞争力。

大数据技术在市场分析中的应用极大地丰富了企业对消费者行为的了解和分析能力。通过深入挖掘消费者数据，企业可以更好地把握市场动态、提高市场反应速度，从而实现营销效果的最大化和企业价值的持续增长。

2. 竞争对手分析

竞争对手分析是市场分析中的重要环节，它旨在帮助企业了解竞争对手的行为、策略和市场地位，从而制定更有效的市场策略和决策。大数据在竞争对手分析中的应用，为企业提供了更全面、准确的竞争情报，帮助企业更好地应对市场竞争压力，提升竞争力。

大数据可以帮助企业了解竞争对手的市场份额和市场活动。通过分析大数据，企业可以获取到竞争对手的销售数据、市场份额和市场表现，从而了解竞争对手在市场中的地位和影响力。企业还可以分析竞争对手的市场活动和营销策略，了解竞争对手的市场动态和竞争优势，从而及时调整自己的市场策略和战略布局。

大数据可以帮助企业了解竞争对手的产品和服务特点。通过分析大数据，企业可以了解竞争对手的产品和服务特点，包括产品功能、品质、价格等方面。这些信息对于企业了解竞争对手的产品差异化优势和竞争策略具有重要意义，可以帮助企业制定更有针对性的产品定位和营销策略。

大数据可以帮助企业了解竞争对手的客户群体和市场定位。通过分析大数据，企业可以了解竞争对手的客户群体特征、购买行为和偏好，从而了解竞争对手的市场定位和目标客户。这些信息对于企业了解竞争对手的市场覆盖范围和市场影响力具有重要意义，可以帮助企业调整自己的市场定位和目标客户群体，提升市场竞争力。

大数据还可以帮助企业了解竞争对手的品牌形象和声誉。通过分析大数据，企业可以了解竞争对手的品牌知名度、品牌形象和声誉状况，从而了解竞争对手在市场中的形象和地位。这些信息对于企业了解竞争对手的品牌优势和市场认可度具有重要意义，可以帮助企业提升自身品牌形象和竞争优势。

大数据在竞争对手分析中的应用为企业提供了更全面、准确的竞争情报，帮助企业更好地了解竞争对手的行为、策略和市场地位。通过分析竞争对手的市场份额和市场活动、产品和服务特点、客户群体和市场定位，以及品牌形象和声誉，企业可以更好地应对市场竞争压力，提升竞争力，实现持续发展。

第二节　客户关系管理与大数据

一、研究背景

（一）大数据与市场的数据分析

在当今数字时代，大数据已经成为商业和市场领域的焦点之一。大数据驱动的市场分析已经渗透到企业运营的方方面面，为决策者提供了更加深入、全面的洞察力。这一趋势不仅是技术进步的产物，更是对市场复杂性的应对之策。大数据的出现和应用使得市场分析不再是静态和有限的，而是变得动态而广泛。庞大的数据量使得企业能够更全面地了解市场的细微差别和变化，从而更好地应对激烈的市场竞争。大数据的应用使市场分析不再受限于传统的定性方法，而是能够实现更为深度的定量分析，帮助企业更好地洞察市场的本质。大数据的应用也在很大程度上改变了市场分析的方式。以往市场分析主要依赖有限样本和经验，而现在大数据的应用使得市场分析能够基于更为庞大的数据集，从而更为全面、准确地识别市场的动态和趋势。这种基于数据的分析方法，使得市场分析更为科学和客观，为企业提供了更为可靠的决策支持。

在市场分析中，大数据的应用使得企业能够更好地理解和预测消费者行为。通过深度挖掘用户数据，企业可以更准确地识别目标客户的需求和偏好，从而更好地定位产品和服务。大数据的应用使得市场分析能够更为细致地揭示消费者的心理和行为，帮助企业更好地满足市场需求，提高产品和服务的市场竞争力。大数据的应用也推动了市场分析的智能化。通过先进的分析工具和算法，企业能够更快速地从大数据中提取关键信息，实现更为智能的市场分析。这种智能化的分析不仅提高了分析的效率，也为企业提供了更为深刻的市场理解。大数据的应用使得市场分析能够更为敏捷地适应市场的变化，为企业提供更为灵活的战略决策。

（二）面临的困难

随着大数据的广泛应用，也带来了一系列挑战。庞大的数据量可能导致信息过载，使得企业难以从海量数据中筛选出关键信息。数据隐私和安全问题成为企业不容忽视的挑战，需要制定有效的保护措施。大数据分析所需的技术和人才也是一个亟待解决的问题，企业需要投入大量资源进行技术研发和人才培养。大数据分析中的模型不确定性和算法复杂性也增加了市场分析的难度，对企业的技术创新能力提出了更高要求。大数据驱动的市场分析是当今商业领域的一项重要趋势。通过深度挖掘和分析庞大的数据，企业能够更全面、深入地了解市场，从而更好地应对竞争和变化。随之而来的挑战也需要企业不断创新和进化，以确保大数据的应用能够真正为企业带来可持续的竞争优势。

二、CRM 和大数据技术

（一）客户关系管理（CRM）基础概念

1.CRM 关键功能

在当今竞争激烈的商业环境中，客户关系管理（CRM）和大数据技术的结合已经成为企业获取市场洞察的重要途径。CRM 系统通过整合客户信息、交互和反馈，形成全面的客户视图，而大数据技术则为这一体系提供了更为深入和广泛的数据支持。这种融合将使得企业能够更好地了解客户需求、优化市场策略，从而实现更精准、更有针对性的市场分析，为企业的决策提供更为可靠的基础。CRM 系统作为一种关系管理工具，不仅仅是简单的数据收集和存储，更是对客户信息的整合和分析的平台。

通过 CRM 系统，企业可以更全面地把握客户的购买历史、偏好和行为，形成客户的全景视图。这种客户信息的全面性使得企业能够更深入地理解客户的需求和期望，为市场分析提供了更为准确和全面的数据基础。大数据技术的应用进一步丰富了 CRM 系统的分析深度。传统的 CRM 系统主要关注结构化数据，如销售记录和客户基本信息，而大数据技术则将关注点拓展到非结构化数据，如社交媒体评论、在线反馈等。

2.CRM 与客户体验

这种多源数据的整合为企业提供了更为多元化和细致化的客户信息，使得市场分析能够更好地捕捉市场的多样性和复杂性。大数据技术还为 CRM 系统的分析提供了高效的工具。通过先进的数据处理和分析算法，大数据技术能够更迅速、准确地分析庞大的数据集，实现实时分析和预测。这使得企业能够更及时地了解市场的变化趋势，更迅速地做出反应，从而提高市场竞争力。在 CRM 和大数据的融合中，客户行为的预测和分析变得更为精准。通过大数据技术，企业可以更全面地分析客户在多个渠道的行为，从而更好地预测客户的购买意愿和行为趋势。这种个性化的市场分析使得企业能够更精准地制定市场策略，提高市场活动的针对性和效果。

在 CRM 和大数据协同作用下，客户参与度也得到了提升。通过更为全面的客户信息和个性化的分析，企业能够更有针对性地与客户进行沟通和互动，提高客户的满意度和忠诚度。这种双向互动的关系使得企业能够更好地理解客户的反馈和期望，从而调整市场策略，更好地满足客户需求。CRM 和大数据技术的结合已经成为企业市场分析的强大工具。通过深度整合客户信息和广泛应用大数据技术，企业能够更全面地了解市场和客户，提高市场分析的深度和精度。这种综合性的市场分析将为企业提供更为可靠的决策支持，帮助企业更好地应对市场的变化，保持竞争优势。

（二）大数据与 CRM 的融合在市场分析中的作用

在当今商业环境中，大数据的应用在市场分析和客户关系管理（CRM）中崭露头角，为企业提供了前所未有的机遇。大数据驱动的市场分析和 CRM 的结合，使得企业能够更深刻地了解市场和客户，从而更精准地制定市场策略和服务客户的需求。大数据在市场分析中的应用不仅提供了更全面的市场洞察，还为企业建立了更为深入的客户档案。通过对大数据的分析，企业可以深入挖掘客户的购买历史、偏好和行为，从而更好地了解他们的需求。这种深入的客户了解有助于企业精准定位目标市场，提供更符合客户期望的产品和服务。大数据的应用也为 CRM 系统提供了更强大的支持。通过整合大数据，CRM 系统能够更好地管理客户信息，实现更个性化的客户互动。企业可以根据客户的行为和偏好，定制精准的营销策略，提高客户满意度和忠诚度。

大数据的应用使得 CRM 系统变得更为智能和灵活，帮助企业更好地维护和发展客户关系。在市场分析和 CRM 的结合中，大数据的应用也为企业提供了更为准确的预测能力。通过对大数据的深度分析，企业可以更好地预测市场趋势和客户行为，帮助企业更迅速做出反应。这种预测能力不仅有助于企业提前洞察市场机会和风险，还能够提高市场营销的精准度和效果。大数据的应用还推动了企业的市场营销模式从传统的广泛推送向个性化推送的转变。通过对大数据的分析，企业可以准确地了解不同客户群体的需求和反馈，从而制定针对性的广告和促销活动。这种个性化的市场营销模式不仅提高了广告投放的效果，还增强了客户对企业的认知和信任。

在大数据驱动的市场分析和 CRM 中，企业还能够更好地了解竞争对手的动态。通过对市场大数据的深入分析，企业可以更全面地了解竞争对手的产品、定价策略、市场份额等信息，从而制定更具竞争力的战略。大数据的应用使得企业在市场竞争中能够更为敏锐地洞察对手的一举一动，提高自身的竞争优势。

通过深度挖掘大数据，企业能够更全面地了解市场和客户，从而更好地制定战略和服务客户的需求。随之而来的挑战也需要企业不断创新和进化，以确保大数据的应用能够真正为企业带来可持续的竞争优势。

四、挑战与未来发展展望

市场分析在大数据驱动的时代面临着众多挑战和机遇。随着数据规模的不断扩大，数据质量和隐私保护成为重要问题。技术的不断更新换代使得分析方法的迭代速度也在不断加快，对专业人才的需求日益增长。

这些挑战也伴随着未来发展的巨大潜力，大数据技术的不断发展将推动市场分析向更深层次发展。随着人工智能和机器学习等技术的广泛应用，市场分析将更注重对复杂模式和趋势的挖掘，从而提供更为准确的市场预测。这将为企业提供更为精准的决策支持，使得市场分析更具实用性和前瞻性。

随着云计算技术的不断普及，大数据的存储和处理成本将进一步降低。这将使得中小型企业也能够更轻松地利用大数据技术进行市场分析，打破了传统上只有大型企业才能承担得起的局面。这种趋势将促进市场分析的普及和深化，使得更多的企业受益于大数据的力量。

大数据技术和市场分析将更加注重数据的安全性和隐私保护。随着用户对个人信息的关注度不断提高，企业需要采取更加严格的数据安全措施，确保客户数据不受到泄露和滥用。这将为市场分析提供更为健康和可持续的发展环境，增强了公众对大数据技术的信任感。

大数据技术的应用将使得市场分析更加注重多源数据的整合。从社交媒体、物联网到传统的销售数据，企业将需要整合各种数据源，形成全面的市场视图。这将使得市场分析更具有多维度、多角度的特点，更能够捕捉市场中的复杂关系和变化趋势。

市场分析将更加关注用户体验和情感分析。大数据技术的发展使得企业能够更全面地了解用户的情感反馈和体验感受，为产品和服务的优化提供更为直观和深入的依据。这种情感分析将使得市场分析更贴近消费者，更有利于企业根据市场需求调整战略。

在市场分析的未来发展中，跨行业和跨领域的融合将成为趋势。随着不同行业之间数据的共享和整合，市场分析将更全面地考虑多元化的因素，形成更为全球化和综合性的市场分析。这将使得企业更全面地理解市场的多样性和复杂性，从而更好地制定战略和应对市场挑战。

大数据驱动的市场分析面临着众多挑战和机遇。通过不断提升技术水平、强化数据安全和隐私保护，以及更全面地考虑用户体验和情感反馈，市场分析将在未来迎来更为广阔和深化的发展。这将为企业提供更为全面和准确的市场洞察，帮助其更好地应对市场变化，取得可持续发展。

第三节 大数据在市场营销中的应用

一、大数据在市场营销中的基础知识和方法

（一）大数据市场营销概述

大数据市场营销是利用大数据技术和方法进行市场分析、客户定位、产品推广和销售的一种营销策略。数字化时代，大数据已经成为市场营销的重要工具和资源，为企业提供了更深入、更全面的市场洞察和客户了解。

大数据技术能够帮助企业更准确地了解目标市场和客户群体。通过分析海量的市场数据和消费者行为数据，企业可以发现市场趋势、行业动态和潜在需求，从而更好地把握市场机遇，制定有效的营销策略。

大数据技术能够帮助企业实现精准营销和个性化推荐。通过分析消费者的购买历史、浏览记录和搜索行为等数据，企业可以了解消费者的偏好、兴趣和需求，从而向他们提供个性化的产品和服务，提高购买转化率和客户满意度。

大数据技术能够帮助企业进行市场预测和趋势分析。通过分析市场数据、竞争对手的表现和外部环境的变化，企业可以预测市场趋势和未来发展方向，及时调整策略和布局，抢占市场先机。

大数据技术还能够帮助企业进行营销效果评估和优化。通过分析营销活动的效果、客户反馈和销售数据，企业可以评估营销策略的有效性，发现问题和不足之处，并及时调整和优化营销方案，提高营销效率和效果。

(二)数据收集与应用

1. 数据收集

市场营销中的数据收集是指通过收集和分析各种数据了解市场和客户,从而制定更有效的营销策略和方案。大数据在市场营销中扮演着重要的角色,为企业提供了丰富的市场信息和客户洞察,有助于提升市场营销效果。

大数据可以帮助企业了解市场和行业趋势。通过收集和分析大数据,企业可以了解市场的规模、增长趋势、竞争格局等方面的信息,从而把握市场机遇和挑战,制订更具针对性的市场战略和营销计划。

大数据可以帮助企业了解客户需求和行为。通过分析大数据,企业可以了解客户的购买行为、偏好、兴趣等方面的信息,从而精准定位目标客户,个性化推荐产品和服务,提升客户满意度和忠诚度。

大数据还可以帮助企业了解竞争对手的行为和策略。通过分析大数据,企业可以了解竞争对手的市场份额、产品特点、营销活动等方面的信息,从而及时调整自己的市场策略和战略布局,提升市场竞争力。

大数据还可以帮助企业进行精准营销和客户关系管理。通过分析大数据,企业可以了解客户的购买历史、交易记录、互动行为等方面的信息,从而实现精准营销和个性化服务,提升销售额和客户满意度。

大数据在市场营销中的应用为企业提供了丰富的市场信息和客户洞察,有助于制定有效的市场营销策略和方案。通过了解市场和行业趋势,把握客户需求和行为,了解竞争对手的行为和策略,以及进行精准营销和客户关系管理,企业可以提升市场竞争力,实现持续发展。

2. 大数据在市场分析中的应用

在市场分析中,大数据的应用已经成为企业获取深刻市场洞察的一项重要手段。大数据技术的涌现为企业提供了从未有过的规模庞大的数据集,包括结构化和非结构化数据,为市场分析提供了全面和多元的信息。大数据的应用不仅拓展了市场分析的视野,更提升了分析的深度和精度,使得企业能够更准确地洞察市场的变化和趋势。

大数据在市场分析中的应用表现在数据的广泛收集和整合。通过各类传感器、社交媒体、在线交易等多渠道的数据采集,企业能够获得庞大且多样的数据源。这使得市场分析不再局限于有限的数据集,而能够更全面地了解市场的动态和变化。数据的整合也使得企业能够形成更为完整的市场视图，从而更好地把握市场的全貌。

大数据的应用为市场分析提供了更高效的数据处理和分析工具。传统的数据分析往往受限于计算能力和数据处理速度，难以应对庞大数据集的挑战。而大数据技术通过分布式计算、并行处理等手段，使得数据的处理速度得以显著提升。这使得企业能够更迅速进行实时分析，更及时地了解市场的动态，为决策提供更为即时的支持。

大数据在市场分析中的应用表现在对数据的深度挖掘和分析。传统的数据分析主要依赖统计学方法，难以捕捉到数据中的复杂关系和非线性规律。而大数据技术通过机器学习、数据挖掘等先进算法，能够更全面地挖掘数据背后的模式和趋势。这为市场分析提供了更为深刻的洞察，使得企业能够更好地理解市场中的隐含规律，更准确地预测市场的发展方向。

大数据的应用使得市场分析更加个性化和精准。通过分析大量的个体数据，企业能够更全面地了解不同消费者的行为和偏好。这使得企业能够更有针对性地制定市场策略，更好地满足不同群体的需求。个性化的市场分析不仅提高了企业的市场竞争力，也增强了消费者对企业的认同感。

大数据在市场分析中的应用还体现在对市场风险的更为敏感的监测。通过实时监测市场中的各种数据，包括竞争对手的动态、市场趋势、消费者反馈等，企业能够更及时地发现潜在的风险和机会。这种实时监测为企业提供了更灵活的决策空间，使得企业能够更迅速地应对市场的不确定性，降低风险。

大数据在市场分析中的应用将进一步促使企业采用更开放的态度。通过共享数据、合作分析，企业能够获得更为丰富的数据资源，从而更好地理解市场的多样性和复杂性。这种开放的态度将使得市场分析不再是单一企业的事务，而是整个行业的共同努力，为整个市场的可持续发展提供更为有力的支持。

大数据在市场分析中的应用已经取得了显著的成果，为企业提供了更为全面、高效、精准的市场洞察。大数据技术的不断发展将进一步拓展市场分析的边界，为企业提供更多创新的分析方法和工具，使得市场分析更好地适应变化多端的商业环境，为企业决策提供更为可靠的支持。

二、个性化营销与营销效果评估

（一）个性化营销和客户关系管理

在当今数字化的商业环境中，个性化营销和客户关系管理已经成为企业追求竞争优势的关键战略之一。大数据在市场营销中的个性化营销与客户关系管理的融合，为企业提供了更深刻、更全面的洞察，使其能够更精准地满足每个客户的需求。

个性化营销基于对大数据的深度分析，通过对客户行为、购买历史、偏好等方面的数据挖掘，企业能够深入了解每个客户的独特需求。大数据分析不再局限于简单的群体分类，而是更加细致地刻画每个客户的消费习惯和喜好。这种个性化的洞察使得企业能够为每个客户提供定制化的产品推荐、促销活动等，从而提高客户满意度和忠诚度。

客户关系管理（CRM）作为企业与客户之间交流互动的桥梁，也受益于大数据的应用。大数据使得企业能够更全面地了解客户的互动历史，包括客户在不同渠道的行为和反馈。通过对这些数据的分析，CRM系统能够更好地理解客户的需求，更灵活地调整服务策略。大数据的应用使得CRM系统不再是简单的信息记录工具，而是变成了一个更为智能、响应迅速的客户互动平台。

个性化营销和CRM的结合不仅提升了客户体验，也加深了企业与客户之间的关系。通过对大数据的分析，企业能够更好地预测客户的需求，提前满足其期望。这种主动性的服务能够加强客户对企业的信任和满意度，促使其更频繁地选择企业的产品和服务。大数据的应用使得企业能够在竞争激烈的市场中脱颖而出，建立起更加紧密的客户关系。

大数据在个性化营销和CRM中的应用也推动了企业的销售模式从传统的产品导向向服务导向转变。通过对客户需求的深入了解，企业可以提供更为个性化和差异化的服务。这种服务导向的模式使得企业不再仅仅关注产品的销售，而更加注重建立与客户的长期合作关系。大数据的应用促使企业从被动式的销售转变为主动为客户提供解决方案，为企业带来更为稳固的市场地位。

个性化营销和CRM中大数据的应用也带来了一系列挑战。庞大的数据量可能导致信息过载，企业难以从海量数据中准确地提取关键信息。数据隐私和安全问题是企业必须重视的问题，需要建立健全数据保护机制。个性化营销和

CRM 系统的建设和维护也需要大量的技术投入和人才支持。

大数据在市场营销中的个性化营销与客户关系管理的融合为企业带来了全新的发展机遇。通过对大数据的深度挖掘，企业能够更全面地了解客户需求，实现精准的个性化营销和智能的客户关系管理。随之而来的挑战也需要企业在技术、安全和管理层面不断创新和提升，以确保大数据的应用能够真正为企业带来可持续的竞争优势。

（二）营销效果评估与未来展望

1. 营销效果评估

在当今市场竞争激烈的环境下，大数据在市场分析中的应用不仅在数据收集和整合方面取得了显著成果，更在营销效果评估方面发挥了关键作用。大数据的运用使得企业能够更全面、深入地了解市场和消费者，实现精准营销，提高营销效果。随着技术的不断进步和市场的发展，大数据在市场分析和营销效果评估方面将展现更为广泛、深刻的发展。

大数据在市场分析中的应用为企业提供了更准确的目标市场和消费者定位。通过分析大量的用户数据，企业能够更全面地了解消费者的兴趣、需求和行为，从而更精准地确定目标市场。这种精准的定位有助于企业更有效地制定营销策略，提高营销活动的针对性和效果。

大数据在市场分析中的应用提升了市场活动的个性化水平。通过深度挖掘用户数据，企业可以更好地了解消费者的个体差异，实现个性化的营销。这种个性化的市场活动能够更好地满足消费者的个性化需求，提高用户体验，从而提升营销效果。

大数据在市场分析中的应用还使得企业能够更实时地监测和调整市场活动。通过实时分析市场反馈、用户行为等数据，企业可以更及时地了解市场的动态，快速调整营销策略。这种实时监测和调整的能力有助于企业更灵活地应对市场变化，提高市场活动的灵活性和针对性。

大数据在市场分析中的应用为企业提供了更全面的数据支持，使得营销效果评估更加科学和客观。通过分析销售数据、用户反馈、市场趋势等多方面数据，企业能够更全面地了解市场活动的效果。这种综合性的数据分析有助于企业更准确地评估营销活动的成功与否，为未来的决策提供更为可靠的依据。

2. 未来展望

随着大数据技术的不断发展，市场分析和营销效果评估将呈现出更为多元、深度的趋势。大数据技术将更加注重非结构化数据的分析。传统的市场分析主要依赖结构化数据，而随着社交媒体、图片、视频等非结构化数据的快速增长，大数据技术将更注重对这些数据的挖掘和分析，为市场分析提供更为丰富的信息源。

大数据在市场分析中的应用将更加关注用户体验和情感分析。通过分析用户在市场活动中的互动、评论、反馈等数据，企业能够更深入地了解用户的情感需求和体验感受。这种情感分析将使得企业更有针对性地调整营销策略，提高用户满意度，从而提升营销效果。

大数据还将更加注重跨行业和跨领域的整合。通过整合不同行业和领域的数据，企业能够更全面地了解市场的多元性和复杂性，形成更为全局性的市场分析。这种跨界整合将使得企业更好地洞察市场的全貌，更灵活地应对市场的挑战。

大数据在市场分析中的应用为企业的营销效果评估提供了更多维度的考量和更为深入的洞察。随着大数据技术的不断演进，市场分析和营销效果评估将迎来更为创新和全面的发展，使得企业能够更好地理解市场、满足用户需求，从而实现更为成功和可持续的营销策略。

第四节　电子商务与大数据分析

一、电子商务概述

（一）电子商务定义与特点

电子商务是指利用互联网和信息技术进行商业活动的一种形式。它包括在线购物、电子支付、在线广告、电子营销等多种形式，为消费者和企业提供了便捷、高效的交易和服务方式。

电子商务具有几个显著的特点。电子商务打破了地域限制，实现了全球范围内的交易和服务。消费者可以在任何时间、任何地点通过互联网访问电商平台，选择并购买所需的产品和服务，极大提高了购物的便利性和灵活性。

电子商务具有低成本和高效率的特点。相比传统的实体店铺，电子商务不需要支付高昂的租金和人工成本，也不需要大量的库存和物流成本，降低了企业的经营成本。电子商务利用信息技术和自动化系统实现了订单处理、库存管理等流程的自动化，提高了工作效率。

电子商务具有个性化和定制化的特点。通过收集和分析消费者的行为数据和偏好信息，电商平台可以向消费者提供个性化的产品推荐和定制化的服务。这种个性化和定制化的服务可以更好地满足消费者的需求，提高购物体验和满意度。

电子商务还具有开放性和创新性的特点。互联网的开放性和信息的自由流通为企业和消费者提供了广阔的市场和创新空间。电商平台可以通过引入新的技术和商业模式，不断创新和改进产品和服务，满足市场的不断变化和消费者的多样化需求。

电子商务具有地域无限、低成本高效率、个性化定制、开放创新等特点。随着信息技术的不断发展和普及，电子商务将继续成为未来商业发展的重要趋势和方向。

（二）电子商务运营与大数据应用

电子商务运营和大数据应用的结合已经成为当今商业领域中的一项重要趋势。电子商务作为一种新型商业模式，通过互联网和数字技术为企业提供了全新的运营方式。而大数据技术的发展，则为电子商务的运营提供了更为深入和精确的支持。

电子商务与大数据的结合不仅推动了商业模式的创新，更为企业提供了更为全面、灵活和实时的运营手段。大数据在电子商务运营中的应用体现在对用户行为的深度分析。通过收集和分析用户在电商平台上的浏览、搜索、购物等行为数据，企业能够更全面地了解用户的偏好和需求。这种深度分析使得企业能够更有针对性地进行产品推荐、定价策略等方面的优化，提高用户满意度，推动销售的增长。

大数据在电子商务中的应用还表现在对供应链的优化。通过对供应链中各个环节的数据进行收集和分析，企业能够更准确地把握库存、物流等信息，实现供应链的精细管理。这种精细化的供应链管理有助于企业更及时地满足市场需求，降低库存成本，提高运营效率。

电子商务运营中的大数据应用还体现在对市场趋势和竞争对手的实时监测。通过对市场中各种数据的监控，企业能够更及时地了解市场的动态，把握竞争对手的策略，为企业的决策提供更为准确的参考。这种实时监测使得企业能够更灵活地调整自身的战略，应对市场变化，保持竞争优势。

电子商务运营中大数据的应用使得企业更加注重用户体验。通过对用户在平台上的行为和反馈数据进行分析，企业能够更全面地了解用户的需求和反馈，从而更有针对性地进行网站界面的优化、服务的提升等方面的改进。这种关注用户体验的运营方式不仅提高了用户忠诚度，也为企业带来了更为稳定的用户基础。

随着大数据技术的不断发展，电子商务运营中的应用将呈现更为创新和多样的趋势。大数据将更注重与人工智能的融合。通过结合大数据技术和人工智能算法，企业能够深度地挖掘用户行为和偏好数据，实现更为智能化的个性化推荐和服务。这将进一步提高用户体验，推动电子商务平台的发展。

未来，大数据在电子商务运营中的应用将更关注社交化和共享经济的发展。通过对社交媒体、用户评论等非结构化数据的分析，企业能够更好地了解用户的社交网络和意见，从而针对性地进行社交化营销和服务。共享经济的兴起也使得大数据在共享平台的运营中发挥了越来越重要的角色。通过对用户行为的数据分析，优化资源配置，提高共享经济的效益。大数据在电子商务运营中的应用还将更加注重数据的安全和隐私保护。随着用户对个人信息的关注度不断提高，企业将需要采取更为严格的数据安全措施，确保用户数据不受到泄露和滥用。这将为电子商务运营提供更为健康和可持续的发展环境，增强公众对电子商务的信任感。

电子商务运营与大数据应用的结合已经取得了显著成果，为企业提供了更为全面、灵活和实时的运营手段。随着大数据技术的不断发展和应用场景的拓展，电子商务运营将迎来更为创新和全面的发展，推动商业模式的进一步升级，为企业的可持续发展提供更为强大的支持。

二、大数据在电子商务中的应用与未来发展

（一）个性化营销与用户体验

在当今数字时代，市场营销和用户体验已经成为企业迅速发展和持续成功的两个关键方面。而大数据的崛起为市场营销注入了新的活力，将个性化营销与用户体验有机结合，为企业创造了更加深入、贴近用户需求的商业生态。

1. 个性化营销

个性化营销的实现离不开大数据的支持。大数据分析使得企业能够更全面地了解用户的行为、偏好、购买历史等信息，进而精准地判断用户需求。通过对大数据的深入挖掘，企业能够为每个用户量身定制个性化推荐和服务，提高用户参与度。个性化营销使得企业不再采取"一刀切"的市场策略，而是能够更灵活地满足用户的个性化需求，提高市场竞争力。

2. 提高用户体验

大数据在个性化营销中的应用还推动了用户体验的不断提升。通过分析用户的行为数据，企业能够更好地理解用户的偏好和习惯，从而优化产品设计和服务流程。这种用户行为分析使得企业能够更贴近用户的期望，提高产品和服务的质量，增强用户满意度。用户体验的提升不仅能够促使用户更加愿意参与，还能够为企业赢得用户口碑和忠诚度。

3. 个性化营销与用户体验结合作用

大数据的应用使得个性化营销和用户体验的结合更加深入和全面。通过对用户在移动应用、社交媒体和网站上的行为进行综合分析，企业能够全面地了解用户的全球化行为。这种全渠道的数据分析为企业提供了更全面的用户画像，使得个性化营销和用户体验不再受限于单一渠道，更加贴近用户真实需求。

个性化营销和用户体验的结合也推动了企业的市场推广模式的转变。通过对大数据的分析，企业能够更准确地识别目标客户群体，制定更为精准的广告投放策略。这种精准投放不仅提高了广告的效果，还减少了不必要的资源浪费。大数据的应用使得市场推广更加精细化，更符合用户的兴趣和需求，从而提升用户体验。

大数据在个性化营销和用户体验中的应用也为企业提供了更多的商业机会。通过对用户行为的深入分析，企业能够更好地挖掘用户的潜在需求，提前

把握市场趋势。这种市场洞察不仅有助于企业及时调整战略，还能够创造新的商业模式和服务。大数据的应用使得企业能够更好地把握市场机会，推动创新和发展。

大数据在个性化营销和用户体验中的应用也面临一些挑战。庞大的数据量可能导致信息过载，使得企业难以从海量数据中提取关键信息。数据隐私和安全问题也是企业必须高度重视的问题，需要制定有效的保护措施。大数据分析所需的技术和人才也是一个亟待解决的问题，企业需要投入大量资源进行技术研发和人才培养。

大数据在个性化营销和用户体验中的应用为企业创造了丰富的商机和竞争优势。通过深度挖掘大数据，企业能够更全面地了解用户需求，实现更为精准的个性化营销和更智能的用户体验。随之而来的挑战也需要企业不断创新和进化，以确保大数据的应用能够真正为企业带来可持续的竞争优势。

（二）电子商务与大数据的未来发展与挑战

电子商务与大数据的未来发展充满着巨大的潜力和机遇，也伴随着一系列的挑战。电子商务作为一种崭新的商业模式，通过互联网的推动迅速崛起。而大数据技术的不断发展，则为电子商务提供了更为深刻和全面的支持。这两者的结合将进一步深化，为商业带来更多的创新和发展。

1. 电子商务与大数据的未来发展

电子商务将更加注重个性化服务。通过大数据技术的应用，企业能够更全面地了解用户的偏好、需求和行为。这使得电子商务平台能够更精准地进行个性化推荐、定价策略等服务，提高用户体验。个性化服务将成为电子商务的一项核心竞争力，推动电子商务平台更好地满足用户的个性化需求。

电子商务将更加强调全渠道整合。随着线上线下融合的趋势日益加强，电子商务平台将更加关注线上线下的无缝连接。通过大数据的支持，企业能够更好地整合线上线下的用户数据，实现全渠道的数据共享和服务衔接。这种全渠道整合将提高企业的运营效率，拓展市场覆盖面，为用户提供更全面的购物体验。

电子商务的未来发展还将更加关注社交化和共享经济。通过对社交媒体、用户评论等非结构化数据的分析，企业能够更好地了解用户的社交网络和意见。社交化的营销和服务将成为电子商务的一项重要趋势。共享经济的兴起也将推动电子商务平台更好地整合和利用用户资源，提高资源利用效率。

电子商务将更注重跨界整合。通过整合不同行业和领域的数据，企业能够更全面地了解市场的多元性和复杂性，形成更为全局性的市场分析。这种跨界整合将使得电子商务平台更好地洞察市场全貌，更灵活地应对市场挑战。

2. 电子商务与大数据的挑战

电子商务与大数据的结合也面临一系列挑战。数据安全和隐私保护将成为未来电子商务发展的重中之重。随着用户对个人信息保护的关注度不断提高，企业需要采取更为严格的数据安全措施，确保用户数据的隐私得到有效保护。这不仅是法律法规的要求，更是维护用户信任和支持的必要手段。

大数据的应用需要面对数据质量和可信度的问题。大数据时代，数据规模庞大且多样，但其中也不乏低质量和不准确的数据。如何确保数据的质量和可信度，成为电子商务平台和企业在大数据应用中需要解决的关键问题。只有通过高质量的数据，才能保证分析结果的准确性和可靠性。

电子商务需面对技术和人才的挑战。随着大数据技术的不断进步，企业需要不断更新和升级技术设备，提高数据处理和分析的效率。亦需要拥有一支高素质、专业化的人才队伍，能够熟练运用大数据工具和算法，深入挖掘数据背后的规律。这需要企业在培养和引进人才方面做出更为全面的规划和投入。

电子商务还需要面对市场竞争的激烈和变化的挑战。随着电子商务的普及，市场竞争将更加激烈，不同电商平台将争夺有限的用户资源。市场需求和用户行为也会不断发生变化，企业需要及时调整自身的战略和运营方式，以适应市场的变化。这需要企业保持敏锐的市场洞察力，不断优化产品和服务，提高市场竞争力。

电子商务与大数据的结合将为商业带来更为广阔和深化的发展。电子商务将更加注重个性化服务、全渠道整合、社交化和共享经济。这一趋势也面临着数据安全、质量和可信度、技术和人才、市场竞争等方面的挑战。通过科学合理的战略规划、技术创新和人才培养，电子商务与大数据的结合将为商业带来更多的创新和发展机遇。

第七章　大数据在医疗与健康领域的应用

第一节　医疗大数据的概念与特点

一、医疗大数据的概述

（一）医疗大数据

1. 医疗大数据的概念

医疗大数据作为医疗领域的新兴概念，融合了医学、信息技术和数据科学，为医疗体系带来了深刻变革。医疗大数据的兴起源于对医疗信息的不断积累和数字技术的迅猛发展。在传统医疗体系中，医学数据零散分布，医疗信息管理面临着碎片化和不一致性的挑战。而医疗大数据概念的提出，为医疗信息的整合和共享提供了新的思路。

2. 医疗大数据的背景

医疗大数据的背景可以追溯到医学领域中各种医疗信息的爆发性增长。从传统的病历数据、医学影像到生物信息学和基因组学的快速发展，医疗领域的信息量呈指数级增长。这些数据的涌入为医学研究和临床实践提供了更为庞大和复杂的信息基础，同时也加剧了医学信息的管理难度。

在医疗大数据的背景下，信息化医疗系统逐渐成为医疗服务的基础架构。电子病历、医学影像数字化、远程医疗等数字化手段的普及，使得大量的医疗信息可以被数字化、存储、传输，实现医疗信息的快速流通。这不仅为医生提供了更方便的患者信息获取手段，也为医学研究和临床实践提供了数字支持。

在医疗大数据的背景下，涌现出了丰富的生物信息学和基因组学研究。随着高通量测序技术的发展，人类基因组学的研究逐渐成为医学科研的热点。个体基因信息、蛋白质组学、代谢组学等多层次的生物信息学数据为个体化医学的实现提供了坚实的基础。这种个体化医学的理念通过医疗大数据的支持，使得医学研究和临床实践更加关注个体差异，为精准医疗的实现提供了新的机遇。

在医疗大数据的背景下，临床实践中的医疗决策逐渐从经验主义向数据驱动型发展。医学影像、实验室检验、基因检测等多源医学信息的整合，使得医生可以更全面地了解患者病情，提高医疗决策的准确性。医疗大数据的应用使得医生可以更有信心地制定个体化的治疗方案，提供更精准的医疗服务。

在医疗大数据的背景下，医疗服务也向着互联网化、智能化的方向发展。移动医疗、远程医疗等新兴医疗服务模式的崛起，使得患者可以更方便地获取医学信息和医疗服务。大数据的应用使得医疗服务提供者可以更好地了解患者需求，提供更为个性化的医疗服务。

医疗大数据的背景中也面临一系列的挑战。医学信息的标准化和整合面临困难，不同医疗机构的数据格式和标准存在差异，制约了医疗大数据的深度应用。医疗数据的隐私和安全问题备受关注，特别是在信息互联的背景下，如何保障患者隐私成为一个亟待解决的问题。医疗大数据的处理和分析需要高水平的技术和人才支持，而这在一些医疗机构中仍然存在短板。

在医疗大数据的背景中，信息化、数字化的趋势为医学信息的获取和应用提供了更多可能性，推动了医学研究和临床实践的进步。医疗大数据的应用也需要医学、信息技术和数据科学等多学科的合作，解决标准化、隐私、安全等方面的问题，以确保医疗大数据能够真正为医疗服务的提升和医学科研的创新带来实质性的益处。

（二）医疗大数据的定义与来源

1. 医疗大数据的定义

医疗大数据是指在医疗领域产生的大规模、多样化的数据集合。这些数据涵盖了患者的临床信息、医疗记录、医学影像、基因组学数据等多个层面，形成了一个庞大而复杂的信息网络。

医疗大数据的定义不仅仅限于数据规模，更关注数据的多样性和维度。在医学领域，患者的生理指标、病历资料、实验室检查结果、医学影像等各种类型的数据都被纳入医疗大数据的范畴。这些数据具有时空动态性，能够全面展现患者的健康状态和医疗历程。

医疗大数据的定义也在不断演进，随着科技的进步和医学研究的深入，对于医疗大数据的认知和定义也逐渐拓展至涉及遗传信息、社会行为等更为广泛的领域。

2. 医疗大数据的来源

医疗大数据的来源主要包括患者的电子病历、医疗仪器设备、生物传感器、基因测序仪器等多种渠道。这些数据通过信息化技术的应用，被采集、存储、处理，为医学研究、临床决策和公共卫生提供了丰富的信息资源。

随着信息技术的快速发展，电子病历的广泛应用成为医疗大数据的主要数据源之一。电子病历记录了患者的就诊信息、症状描述、医生的诊断和治疗方案等关键信息。这些数据的电子化不仅方便了医生的查阅和管理，也为大规模的数据分析提供了基础。通过对电子病历数据的挖掘，可以发现患者的就医历史、疾病的发展轨迹以及治疗效果等重要信息。

医疗仪器设备也是医疗大数据的重要来源。随着医疗技术的不断创新，各种先进的医疗仪器被广泛应用于临床和医学研究中。这些仪器产生的数据涉及患者的生理指标、病理信息等方面。心电图机、血压计、脑电图仪等设备可以实时记录患者的生理参数，为医生提供及时准确的诊断信息。这些设备产生的数据不仅为患者的监测和治疗提供了便利，也为医学研究提供了珍贵的实验数据。

生物传感器是医疗大数据的又一来源。它们可以植入或附着在患者体内，实时监测患者的生理状态。血糖仪、心脏起搏器、睡眠监测器等生物传感器能够记录患者的生理活动和健康状况。这些实时产生的数据可以用于远程监护、疾病管理和预防。通过大数据技术的应用，可以对这些海量的生物传感器数据进行分析，挖掘潜在的规律和异常，为个体化的医疗服务提供支持。

在基因医学领域，基因测序仪器产生的基因组学数据也成为医疗大数据的重要组成部分。随着基因测序技术的进步，获取个体基因信息变得更加迅速和经济。基因组学数据包含了患者的遗传信息，对于疾病的发病机制、个体化治疗方案等方面具有重要意义。通过对大规模基因组学数据的分析，可以揭示基因与疾病之间的关联，为疾病的预防、诊断和治疗提供更为精准的依据。

社交媒体数据也为医疗大数据提供了一种全新的来源。患者在社交媒体上分享的健康信息、医疗经验、疾病感受等成为有价值的数据资源。这些社交媒体数据不仅反映了患者对医疗服务的评价和需求,还可以用于公共卫生事件的监测和预警。通过对社交媒体数据的挖掘,可以获取更为丰富和真实的患者反馈,为医疗决策提供参考。

这些数据集合了患者的生理指标、病历资料、基因信息等多维度的信息,形成了一个庞大而复杂的医疗大数据网络。这种数据的广泛应用为医学研究、临床决策、医疗管理等提供了丰富的信息资源,为推动医学科研、改善医疗服务和提高公共卫生水平提供了有力支持。

二、医疗大数据的特点与发展

(一)医疗大数据的特点和应用

医疗大数据以其独特的特点和广泛的应用领域引起了医学界和产业界的广泛关注。

1. 医疗大数据的特点

医疗大数据的特点主要体现在其数据的多样性、庞大性、实时性和复杂性。多样性体现在医疗数据涵盖了丰富的信息,包括病历、影像、实验室检验、基因信息等多个维度的数据;庞大性表现在医疗大数据的量级庞大,每天都产生海量的医学信息;实时性是指医疗大数据的产生和更新是连续不断的,需要及时响应;复杂性体现在医学信息之间的关联性和交叉性,需要综合考虑多个因素。

2. 医疗大数据的应用

医疗大数据的应用涉及多个领域,其中临床医学是最直接和重要的应用之一。通过对大量患者的病历数据进行深度分析,医生可以更好地了解疾病的发展趋势、患者的治疗反应以及不同治疗方案的效果。这种个体化的医疗决策有助于提高治疗的准确性和效果,为患者提供更为精准的医疗服务。

医疗大数据在疾病预测和防控方面具有巨大的潜力。通过对大量的流行病学数据、疾病传播路径等信息进行分析,可以更准确地预测疾病的暴发和传播趋势。这为卫生部门提供了重要的参考依据,帮助其更有效地制订疾病防控策略和资源分配计划,从而更好地保障公共卫生。

医疗大数据在药物研发和治疗方案优化上发挥着重要作用。通过分析大量的生物信息学数据、基因组数据,科研人员可以更好地了解疾病的分子机制,寻找新的治疗靶点，并加速新药的研发。通过对临床试验和患者反馈数据的深入挖掘，医学界可以更好地了解药物的安全性和有效性，优化治疗方案，提高患者的治疗体验。

在医疗管理方面，医疗大数据为医疗机构提供了更好的决策支持。通过对患者流失、医疗资源利用效率等方面的数据分析，医疗管理者可以更好地规划医疗服务的布局，优化资源配置，提高医疗服务的整体效能。医疗大数据还为医保机构提供了更全面的成本分析和效果评估手段，有助于制定更合理的医保政策。

医疗大数据在智能医疗设备和健康管理领域的应用也层出不穷。通过对患者的生理参数、运动数据、睡眠状况等多维度信息的收集和分析，智能医疗设备可以提供个性化的健康建议，监测患者的健康状况，实现远程医疗和健康管理。这种基于医疗大数据的智能医疗方式为患者提供了更便捷、高效的健康服务。

医疗大数据以其独有的特点和广泛的应用领域正在深刻影响着医学领域的发展。通过对多样性、庞大性、实时性和复杂性的医疗数据进行深度分析，医疗大数据为临床医学、疾病预测与防控、药物研发与治疗方案优化、医疗管理、智能医疗设备和健康管理等多个领域提供了新的可能性。

要充分发挥医疗大数据的潜力，仍需共同努力解决数据隐私、标准化、技术与人才等方面的问题，以推动医疗大数据在医疗服务中的更广泛、深入的应用。

（二）医疗大数据的挑战与未来发展

1. 医疗大数据的挑战

医疗大数据在迅速发展的同时也面临着一系列的挑战。数据安全和隐私问题一直是医疗大数据领域的重中之重。由于医疗数据的敏感性和隐私性，一旦泄露或被滥用，将会对患者和医疗机构造成严重的影响。如何确保医疗大数据的安全性，建立健全数据隐私保护机制成为当前亟待解决的问题。

医疗大数据的质量和准确性也是一个亟须关注的问题。医疗数据涵盖了多个维度，包括患者病历、医学影像、实验室检查等多方面内容，而这些数据的质量直接关系到临床决策的准确性。需要建立标准化的数据采集和管理流程，确保医疗大数据的质量和可信度。

医疗大数据的互操作性也是一个亟待解决的问题。由于医疗信息系统的异构性和多样性，不同机构、系统之间的数据难以实现无缝衔接。这限制了医疗大数据的整合和共享，阻碍了其在跨机构和跨领域应用中的发展。建立统一的数据标准和互操作性框架是未来发展的一个重要方向。

医疗大数据的分析与挖掘能力也是一个挑战。庞大的数据量和多样的数据类型需要先进的分析工具和算法来进行处理。

2. 医疗大数据的未来发展

医疗领域需要培养更多具备医学背景和数据科学技能的专业人才，以更好地应对医疗大数据的复杂性和多样性。

医疗大数据的未来发展将在克服这些挑战的基础上取得更为广泛的应用和深刻的影响。随着信息技术的不断发展，数据安全和隐私保护技术将得到进一步完善。加密技术、隐私保护算法等将更加成熟，有效保障医疗大数据的隐私和安全。

未来医疗大数据的质量和准确性将得到提升。随着标准化的数据采集和管理流程的建立，医疗大数据的质量将得到更好的保障。通过先进的数据质量控制技术和方法，能够更好地发现和纠正数据中的错误，提高数据的可信度。

未来医疗大数据将朝着更加开放和共享的方向发展。通过建立统一的数据标准和互操作性框架，不同机构和系统之间的数据能够更为顺畅地交流和共享。这将促进医疗大数据的整合，形成更为全面、综合的医学信息网络。

在医疗大数据的分析与挖掘方面，未来将会涌现更多先进的技术和算法。机器学习、人工智能等技术的发展将为医疗大数据的深度挖掘提供更为强大的工具。

培养更多具备交叉学科背景的专业人才也是未来的一个发展方向，他们将更好地理解医学领域的需求，同时具备强大的数据科学技能。

通过克服当前面临的挑战，医疗大数据将对未来的医学领域带来更为广泛和深刻的影响，推动医疗体系朝着更加智能、个性化、精准的方向发展。

第二节 大数据在临床医学中的应用

一、医学大数据概述

（一）医学大数据

1. 医学大数据的概念

医学大数据的兴起源于医疗信息和技术的迅速发展。在过去几十年里，医学领域发生了深刻变革，从传统的纸质病历、手工实验室记录到数字化的医疗信息系统和高通量技术的应用，医学信息呈爆发性增长趋势。这一背景下，医学大数据概念应运而生，将医学信息纳入大数据范畴，成为医疗领域的新兴关键词。

2. 医学大数据的背景

在医学大数据的背后，技术进步是驱动力之一。

随着生物信息学、基因测序技术、医学影像学等领域的飞速发展，医学信息获取的途径变得更为便捷和高效。高通量技术的广泛应用使得大规模数据的产生成为可能，包括基因组数据、蛋白质组数据、病理学图像等，为医学研究提供了更为全面的信息基础。这种技术进步的背后，推动了医学大数据的快速发展。

在医学大数据的背景中，信息化医疗系统的建设也是一个重要因素。传统的医疗信息记录和管理方式难以满足信息化时代的需求，数字化的医疗信息系统应运而生。电子病历、医学影像数字化等技术的普及，使得医学信息可以更方便地存储、传输和共享。这为医学大数据的汇聚和整合提供了基础，也为医学研究和临床实践带来了便利。

在医学大数据的背景下，疾病诊断和治疗进入了个体化时代。通过对大量患者的基因信息、生理参数、病历数据等进行深度分析，医学界可以更好地了解不同患者之间的差异，实现更为个体化的医学服务。这种个体化医学的理念通过医学大数据的支持，使得医学研究和临床实践更关注个体差异，为精准医疗的实现提供了新的机遇。

在医学大数据的背景中，临床研究得以加速发展。大规模的病例数据和临床试验数据使得疾病的发病机制、治疗效果等方面的研究更加全面和深入。医学研究者通过对大数据的分析，能够更准确地识别潜在的研究方向，加快新药的研发速度。这种基于医学大数据的临床研究方式，为医学科研带来了更高效的手段和更广阔的研究空间。

在医学大数据的背景下，卫生管理体系也面临着转型。通过对患者的病历数据、医疗资源利用情况等进行深度分析，卫生管理者可以更好地规划医疗服务的布局，优化资源配置，提高医疗服务的整体效能。这种基于大数据的卫生管理方式，使得卫生部门更具前瞻性，更能够应对人口老龄化、慢性病患者增加等多方面的挑战。

医学大数据的应用也面临一些挑战。医学信息的标准化和整合面临困难，不同医疗机构的数据格式和标准存在差异，制约了医学大数据的深度应用。医疗数据的隐私和安全问题备受关注，特别是在信息互联的背景下，如何保障患者隐私是一个亟待解决的问题。医学大数据的处理和分析需要高水平的技术和人才支持，而这在一些医疗机构中仍然存在短板。

在医学大数据背景中，技术进步、信息化医疗系统的建设等因素推动了医学信息的爆发性增长，使得医学大数据成为医学领域的新兴关键词。医学大数据的发展不仅为医学研究和临床实践提供了更为全面和深入的信息基础，也为医学服务的个体化、研究的加速、卫生管理的转型带来了新的机遇和挑战。随着医学大数据的不断发展和深入应用，必将为医学领域带来更多的创新和突破。

（二）临床决策支持与预测

临床决策支持与预测是医疗领域中大数据应用的重要方向之一。通过分析庞大的医疗数据，包括患者的临床信息、医学影像、实验室检查结果等多维度数据，可以为医生提供更为全面和精准的信息，辅助其做出科学合理的临床决策。

利用大数据技术进行预测分析，也可以帮助医疗机构提前发现患者潜在的风险和疾病趋势，采取相应的干预措施，提高医疗服务的效果和效率。

1. 临床决策支持

在临床决策支持方面，大数据的应用主要体现在对患者的病历信息进行深度挖掘和分析。通过整合患者的病历、实验室检查、用药历史等多源数据，系统可以生成患者的全面健康档案。医生可以利用这些档案,更好地了解患者的病情、疾病历史和治疗反应,有助于制定更为个性化和精准的治疗方案。大数据分析还能够发现患者之间的共性和差异,为医生提供更为科学的参考,提高临床决策的水平。医学影像是临床决策中的重要组成部分,而大数据技术的应用使得对医学影像的分析更加深入和智能。通过对大量的医学影像数据进行学习和模式识别,计算机算法能够辅助医生更准确地诊断疾病,提高诊断的敏感性和特异性。大数据技术还可以帮助医生实现对病灶的定位、评估治疗效果等方面的精细化管理,从而更好地指导临床决策的制定。

2. 临床决策预测

在预测分析方面,大数据的应用可以帮助医疗机构更好地了解患者的健康风险和疾病趋势。通过对患者的历史病历数据、生理指标、基因组学信息等进行深度挖掘,可以建立起对患者群体的整体认知。基于这种认知,医疗机构可以利用大数据技术进行风险评估和预测,提前识别可能存在的健康问题,并制订相应的健康管理计划。这种个体化的预测模型能够帮助医生更早地介入患者的治疗过程,降低患者的健康风险。大数据的应用还能够帮助医疗机构进行资源优化和需求预测。通过对就诊流程、医疗服务使用情况等数据的分析,医疗机构可以更准确地了解患者的就医需求,优化医疗资源的配置,提高服务的效率。这种基于数据的资源管理方式能够更好地满足患者的需求,提高医疗机构的整体运营效果。

临床决策支持与预测的大数据应用也面临一些挑战。大数据的采集和整合需要解决数据安全和隐私保护的问题,以防止患者个人信息的泄露和滥用。数据的质量和准确性对于决策支持和预测的可靠性至关重要,需要建立健全数据质控机制。医生对于大数据分析的理解和应用水平也是一个关键因素,需要加强医生的数据科学培训,提高其对大数据技术的应用能力。

临床决策支持与预测的大数据应用将不断发展创新。随着数据采集技术、人工智能和机器学习等技术的不断进步,将更好地解决当前面临的挑战,推动临床决策与预测的智能化和个性化发展。大数据的广泛应用有望为医疗领域带来更为精准、高效的临床决策和预测服务,进一步提升医疗水平,造福患者和整个社会。

二、大数据在临床医学中的具体应用与技术

（一）医疗图像分析与诊断

医疗图像分析与诊断的大数据应用已经成为医学领域中的一项重要技术和方法。医疗图像分析在大数据环境下得以深化。大规模的医学影像数据汇聚在一起，形成庞大的数据集。这些数据不仅包括不同类型的影像，还涵盖了患者的年龄、性别、病史等多个维度。这使得医疗图像分析不再局限于单一维度的数据，而是能够更全面地考虑多种因素，提高了分析的准确性和全面性。随着医学影像技术的飞速发展，各种影像数据如CT扫描、MRI、X射线等呈爆发式增长，为医学研究和临床诊断提供了更为丰富和复杂的信息。

医疗图像分析的大数据应用推动了深度学习等先进技术的发展。在传统的医学图像分析中，人工特征提取和分析是主要手段。随着大数据时代的到来，深度学习等机器学习算法逐渐崭露头角。这些算法通过学习大规模医学图像数据，能够自动提取特征，并在图像分析和诊断中展现出更强大的性能。这种基于大数据的深度学习应用，使得医疗图像分析更加智能化和高效。

在大数据环境下，医疗图像分析与诊断的应用涵盖了多个领域。在疾病诊断方面，医学影像的大数据应用使得医生能够更准确地识别病变、病灶等，提高了疾病的早期诊断率。通过大规模数据的比对分析，医生可以更好地理解不同病例之间的差异，为个体化治疗提供更为精准的指导。

在医学研究方面，医疗图像分析与诊断的大数据应用为科研人员提供了更多的研究资源。通过分析大规模的医学图像数据，研究者可以深入挖掘潜在的研究方向，发现新的疾病特征、治疗方法等。这种基于大数据的医学研究方式，加速了医学领域的科研进程，推动了新的医学知识的发现。

医疗图像分析与诊断的大数据应用也在临床决策中发挥了重要作用。通过对大规模病例的分析，医生可以更好地了解患者的整体状况，提高治疗决策的科学性和准确性。医学图像的大数据应用还支持远程医疗和医生之间的协作，使得医疗资源能够更合理地分布和利用。

医疗图像分析与诊断的大数据应用也面临一些挑战。大量的医学图像数据需要高效的存储和管理系统，而目前在数据存储、传输和隐私保护方面仍存在一些技术和法律上的难题。深度学习等算法的训练需要大量的计算资源，而医

学领域在这方面的投入还需要进一步加强。不同医疗机构之间的数据标准和格式不一致，也限制了医学图像大数据的共享和整合。

医疗图像分析与诊断的大数据应用在医学领域带来了巨大变革。通过大规模数据的深度分析，医生能够更全面、准确地了解患者的状况，科研人员能够快速、深入地探索医学知识的未知领域。随着技术和法规的不断完善，医疗图像分析与诊断的大数据应用将迎来更广泛和深入的发展，为医学科研、临床决策和患者治疗带来更多的创新和进步。

（二）患者管理与治疗个性化

患者管理与治疗个性化的大数据应用是医疗领域的一项重要发展趋势。通过深度挖掘和分析患者的庞大数据，包括病历、生理指标、基因信息等多个维度的数据，医疗机构能够实现更为精细化的患者管理和更个性化的治疗方案。这种大数据应用不仅为医生提供了更全面的患者信息，还为患者提供了更为精准、有效的医疗服务，推动了医疗领域朝着个性化医疗的方向发展。

1. 患者管理方面的应用

在患者管理方面，大数据的应用使得医疗机构能够更全面地了解患者的健康状况和医疗历史。通过整合患者的电子病历、实验室检查结果、生理监测数据等多源数据，医疗机构可以建立起患者的全面健康档案。这种档案不仅包括了患者目前的病情，还包括了患者过去的病史、治疗经历等信息。医生可以通过这一综合性档案更好地制订患者的个性化治疗计划，并对患者的健康状况进行更为细致的监测。

大数据的应用还能够帮助医生更好地识别患者的风险因素和患病趋势。通过对患者群体的大规模数据分析，医疗机构可以发现患者之间的共性和差异，识别出患者群体中可能存在的风险因素和潜在的疾病趋势。这有助于医生及早发现患者可能面临的健康风险，采取预防和干预措施，从而提高患者的整体健康水平。

2. 治疗个性化的大数据应用

在治疗个性化方面，大数据的应用为医生提供了更为精准的治疗方案制定依据。通过对大量的病例数据进行深度学习和分析，医生可以了解不同患者对于相同疾病的治疗反应，制定更为个性化和针对性的治疗方案。这种治疗方案的个性化程度不仅仅包括药物的选择，还包括剂量、疗程等方面的细致调整，以最大程度地提高治疗的效果。在癌症治疗领域，基因组学等高通量技术的发展使得医生可以更为精确地了解患者肿瘤的基因特征，从而制定更为个性化的治疗方案。通过大数据的支持，医生可以根据患者的基因信息预测药物的疗效和副作用，实现对肿瘤的更为精准的治疗。这种个性化治疗的模式不仅提高了治疗的成功率，也降低了患者的不良反应风险。

患者管理与治疗个性化的大数据应用还能够推动医疗机构实现更加精细化的服务和管理。通过对患者的治疗反馈、生理监测数据等进行分析，医疗机构可以调整和优化患者的治疗方案，提高治疗的效果。医疗机构还可以根据大数据分析结果，优化医疗资源的配置，提高医疗服务的效率，实现更好的医疗管理。

患者管理与治疗个性化的大数据应用也面临一些挑战。患者个人信息的隐私和安全问题需要得到充分保障。医疗机构在收集和使用患者数据时必须遵循隐私保护法规，建立健全信息安全体系，以防止患者个人隐私的泄露和滥用。医生对于大数据分析的理解和应用能力也是一个挑战，需要加强医生的数据科学培训，提高其运用大数据技术的水平。

患者管理与治疗个性化的大数据应用为医疗领域带来了新的发展机遇。通过深度挖掘患者数据，医生能够更全面地了解患者的健康状况，制定更为个性化的治疗方案，提高医疗服务的质量和效果。随着大数据技术的不断发展，患者管理与治疗个性化的大数据应用将进一步推动医疗领域朝着更为智能、精准、个性化的方向发展。

第三节　健康管理与远程监测

一、健康管理与远程监测的基础知识

（一）健康管理与远程监测概述

健康管理与远程监测是当今医疗领域中备受关注的重要方向，其背后的大数据应用正逐渐改变着传统医疗模式。过去，医疗服务主要集中在医院和临床环境中，而随着科技的飞速发展，健康管理与远程监测借助大数据技术，正在实现医疗服务的个性化、智能化和远程化。

大数据技术的不断发展为健康管理与远程监测提供了技术支持。大数据技术能够处理和分析庞大的医疗信息，包括患者的健康数据、病历信息、生理参数等。通过对这些数据的深度挖掘，医疗专业人员能够更全面地了解患者的健康状况，为个性化的健康管理提供有力支持。

大数据背景下，健康管理与远程监测系统逐渐走向智能化。通过患者的生理参数、医学影像、用药记录等数据的实时采集和分析，健康管理系统能够实时监测患者的健康状态。这种实时监测不仅为医生提供了及时的反馈信息，也让患者能够更加主动地参与到自己的健康管理中，实现医患共同参与的新模式。

远程监测系统也在大数据支持下取得了显著进展。通过将各类医疗传感器与互联网相连，患者的生理数据、运动轨迹等信息可以实时传输至医疗中心。医生通过大数据分析这些信息，可以更好地了解患者的日常生活习惯、病情变化等情况，为远程监测提供了更为全面和深入的信息基础。

在健康管理与远程监测背景下，大数据的应用推动了医疗服务的个性化发展。通过深度分析患者的健康数据，医生可以更准确地制定个性化的健康管理方案，以满足不同患者的特殊需求。这种个性化的医疗服务不仅提高了患者的满意度，也有助于提高治疗的效果和预防的效果。

大数据技术的应用背景为患者提供了更便捷的医疗服务。患者可以通过远程监测系统随时随地上传自己的健康数据，与医生进行在线咨询，减少了因时间和地域限制而带来的医疗资源浪费。这种远程医疗服务的便捷性也有助于提高医疗服务的效率和可及性。

在健康管理与远程监测的背景下，大数据应用仍然面临一些挑战。医疗数据的隐私和安全问题备受关注。大量的个人健康信息被传输和存储在云端，如何保障这些信息的隐私和安全性是一个亟待解决的问题。医疗信息的标准化和整合仍然存在困难，不同医疗机构之间的数据格式和标准不一致，制约了大数据的深度应用。大数据分析和挖掘需要高水平的技术和专业人才支持，而这在一些医疗机构中仍然存在短板。

健康管理与远程监测在大数据应用的推动下正逐渐成为医疗服务的重要方向。大数据技术的不断发展使得医生能够更好地了解患者的健康状况，为个性化的健康管理提供更为科学的手段。要实现健康管理与远程监测的更广泛和深入应用，仍需解决数据隐私、标准化、技术与人才等方面的问题，以确保医疗服务能够更好地满足患者的需求，提高医疗服务的质量和效率。

（二）健康数据收集与分析

健康数据收集与分析的大数据应用在当今医疗领域中扮演着至关重要的角色。通过采集和分析大量的健康数据，包括患者的生理参数、活动量、疾病历史等多方面信息，医疗机构能够实现对患者健康状况的深入了解，为个性化医疗提供支持。这一应用不仅能够提高医生对患者的了解程度，还能够推动健康管理的智能化和精准化，为患者提供更好的医疗服务。

1. 健康数据收集

在健康数据收集方面，大数据技术的应用使得医疗机构能够更全面、实时获取患者的健康数据。随着物联网技术的发展，各种智能设备和传感器被广泛应用于健康监测领域，可以实时记录患者的生理参数、活动轨迹、睡眠情况等多方面数据。

这些设备通过无线网络将数据传输到医疗机构的信息系统，构建起一个庞大而动态的健康数据网络。患者使用智能手机、穿戴设备等个人设备也成为健康数据的重要来源，通过这些设备采集的数据能够更好地反映患者的日常生活和健康状况。

2. 健康数据分析

在健康数据分析方面，大数据技术为医疗机构提供了处理和分析庞大数据集的工具和方法。通过对患者健康数据的深度挖掘，医疗机构可以了解患者的健康趋势、潜在风险以及治疗反应。基于大数据的分析，医生可以更好地理解患者的生理状况，预测患者可能面临的健康风险，从而提供更为个性化和精准的医疗服务。

大数据分析还能够发现患者之间的共性和差异，为医生制定治疗方案提供科学依据。一个显著的例子是，在慢性病管理方面，通过大数据的应用，医疗机构可以实现对患者的实时监测和远程管理。对于糖尿病患者，通过智能血糖监测仪器，医疗机构能够实时获取患者的血糖水平，并通过大数据分析预测患者可能的血糖波动趋势。这使得医生能够远程调整患者的治疗方案，提高患者的血糖控制水平，降低慢性病的并发症风险。类似地，在高血压、心脏病等慢性病管理中，大数据的应用也起到了类似作用。

健康数据的大数据应用也能够推动公共卫生的智能化。通过对大量患者的健康数据进行汇总和分析，医疗机构能够及时掌握疾病的流行趋势，预警可能的疫情爆发，有助于制定科学合理的公共卫生措施。在传染病防控方面，通过分析患者的活动轨迹、症状等数据，可以更准确地定位疫情的传播途径，采取针对性的隔离和防控措施，提高公共卫生的效果。

健康数据收集与分析的大数据应用也面临一些挑战。患者个人信息的隐私和安全问题需要得到充分保障。医疗机构在收集和使用健康数据时必须遵循隐私保护法规，建立健全信息安全体系，以防止患者个人隐私的泄露和滥用。医疗机构需要克服大数据分析的技术难题，包括数据的整合、质量控制、算法的优化等方面。医疗从业人员的培训和技术水平也是一个挑战，需要加强对大数据技术的理解和应用能力。

健康数据收集与分析的大数据应用为医疗领域带来了新的发展机遇。通过大数据技术，医疗机构能够更全面地了解患者的健康状况，制定更为个性化的治疗方案，提高医疗服务的质量和效果。要实现大数据的最大潜力，医疗机构需要继续研究和解决面临的挑战，不断优化技术和管理模式，推动健康数据收集与分析的大数据应用迈上新的台阶。

二、健康管理与远程监测的具体应用与技术

（一）远程医疗管理与个性化护理

远程医疗管理与个性化护理在当今医疗领域中崭露头角，大数据技术的应用正成为这一领域取得显著进展的关键。在这个背景下，远程医疗管理与个性化护理不再是简单的医疗模式变革，而是通过大数据的支持，为患者提供更为智能、个性化的医疗服务。

1. 远程医疗管理的应用

大数据技术为远程医疗管理提供了强大的数据支持。通过远程监测设备和传感器，患者的生理数据、健康状况等信息不断被采集，形成海量的医疗数据。这些数据经过深度分析，使得医生能够实时掌握患者的健康动态，为远程医疗提供更为准确的依据。这也为患者提供了更便捷、随时可得的医疗服务，使得医疗不再受时间和地域的限制。

2. 个性化护理在大数据中的应用

在个性化护理方面，大数据的应用使得医疗服务更加贴近患者的个体差异。通过深度学习算法，医生可以从大量的患者数据中挖掘出个体的特征和需求，

为患者提供更为个性化的治疗方案和护理计划。这种个性化护理不仅提高了治疗的效果，也提升了患者的治疗体验，增加了医疗服务的精准性和有效性。

在远程医疗管理与个性化护理的大数据应用中，患者参与成为医疗服务的重要一环。通过移动设备和智能终端，患者可以方便地上传个人健康数据，进行在线咨询，与医生进行实时交流。这种患者参与的模式不仅增强了患者对自身健康的管理意识，也增进了患者与医生之间的沟通和信任，形成了医患合作的新模式。

远程医疗管理与个性化护理的大数据应用也面临一些挑战。医疗数据的隐私和安全问题备受关注。海量的患者健康数据被传输和存储在云端，如何保障这些信息的隐私和安全性是一个亟待解决的问题。不同医疗机构之间的数据标准和格式不一致，导致大数据的共享和整合仍然存在一定困难。医学数据的多样性和复杂性也增加了数据分析和挖掘的难度，需要更高水平的技术和专业人才。

远程医疗管理与个性化护理在大数据的支持下展现出强大的潜力。大数据技术的应用使得医疗服务更加智能、个性化，为患者提供了更为全面和便捷的医疗体验。要实现远程医疗管理与个性化护理的更广泛和深入应用，仍需解决数据隐私、标准化、技术与人才等方面的问题，以确保医疗服务能够更好地满足患者的需求，提高医疗服务的质量和效率。

（三）隐私问题与未来展望

在大数据应用中，数据安全与隐私考虑是至关重要的方面。随着信息技术的迅速发展，大数据的广泛应用不仅带来了巨大的机遇，也带来了前所未有的数据安全和隐私挑战。在这个背景下，保护个体和机构的数据安全，确保隐私不被侵犯成为大数据应用中的一项紧迫任务。

数据的采集阶段涉及数据安全与隐私的问题。在大数据的收集过程中，可能涉及敏感个人信息的采集，如个人身体健康状况、财务信息等。在数据采集阶段，必须确保数据的采集合法合规，明确告知数据所有者数据将如何被使用，并取得明确的授权同意。采用先进的数据加密和安全传输技术，确保在数据传输过程中不被窃取或篡改，从而有效保障数据的安全性。

数据存储阶段也是一个关键环节。大数据存储通常涉及大规模的数据仓库和云存储系统，这就要求采用强大的安全措施来防范潜在的风险。加强对数据的访问控制，实施身份验证和授权机制，限制只有授权人员才能够访问敏感数据。采用先进的加密技术，将数据加密存储，即使数据存储介质遭到盗窃，也能够最大程度地保护数据的机密性。

在数据处理与分析阶段，同样需要关注数据的安全性和隐私保护。在进行大数据分析时，往往需要整合多个数据源，包括来自不同机构的数据。为了保护数据的安全，必须采用匿名化和脱敏技术，对敏感信息进行脱敏处理，以保障数据在分析过程中不泄露个体的真实身份。建立监管机制，对数据处理的过程进行监督，确保数据的合法合规使用，防范滥用风险。

对于数据的分享和共享，也需要谨慎考虑数据的安全性和隐私保护。在大数据应用中，数据的共享能够促进协同研究和知识共享，但同时也面临着信息泄露风险。在这个背景下，需要建立明确的数据共享政策，规定数据共享的范围和条件，确保数据的分享是在符合法规和伦理标准的前提下进行的。采用去中心化的数据存储和共享模式，减少数据在传输过程中的中间节点，降低数据泄露的概率。

法律和法规对于大数据应用中数据安全与隐私的保护也起到了关键作用。各国和地区都制定了相应的法规，规定了在大数据应用中如何合法合规地处理和保护个人数据。大数据应用在进行数据处理和分析时，必须遵守相关法规，保障数据的合法使用，否则将可能面临法律责任。

社会层面，加强对数据安全与隐私保护的宣传与教育也是非常必要的。通过提高公众对于数据安全的认知水平，强调数据隐私的重要性，可以促使企业和组织更加注重数据安全与隐私的保护。

培养专业的数据安全与隐私保护人才，提高从业人员的专业水平，也是解决数据安全与隐私问题的有效途径。

数据安全与隐私考虑在大数据应用中是不可或缺的环节。只有通过法律法规的规范、技术手段的加强、公众意识的增强以及行业从业人员的培训，才能够更好地保护个体和机构的数据安全，确保大数据应用的可持续发展。随着技术和制度的不断完善，大数据应用将更好地发挥其优势，为社会和经济发展带来更多的价值。

未来，大数据应用将在各个领域呈现更为深入和广泛的发展趋势。大数据将更加紧密地与新一代信息技术融合，形成更为强大的数据科技生态系统。随着人工智能、物联网、区块链等技术的不断成熟，大数据的应用将更加全面，实现更多领域的智能化和自动化。

第四节 大数据在医疗决策支持中的应用

一、医疗决策支持的基础知识

（一）医疗决策支持的基础

医疗决策支持是一项在当今医疗领域中越来越重要的服务，它在医生和临床团队的决策过程中发挥关键作用。背后的驱动力主要是大数据技术的广泛应用，这为医疗决策提供了更为全面、深入的信息支持。在医疗决策支持的背景中，大数据应用为医学数据的获取、存储和分析提供了前所未有的能力。医学领域产生了庞大而多样的数据，包括临床病历、影像数据、实验室结果等。大数据技术的应用使得这些数据能够被高效地采集、整合和处理，形成庞大的医学信息库。

在临床实践中，医生需要面对大量的患者数据和疾病信息。大数据应用通过数据挖掘和分析，使得医生能够更加全面地了解不同患者的病情、治疗效果和疾病趋势。这种深度信息的提供使得医生能够更精准地制订治疗计划，优化医疗资源的配置，提高医疗效率。

在医疗决策支持中，大数据的应用进一步推动了人工智能（AI）技术的发展。通过深度学习等算法，计算机系统能够模拟人类医生的思维过程，对医学图像、临床数据进行自动分析和诊断。这为医生提供了辅助决策的工具，特别是在疾病早期诊断、个体化治疗方案制定等方面发挥了积极作用。

大数据应用还促进了医学研究的进展。研究者可以通过大数据分析挖掘患者病历、临床试验数据等，寻找潜在的疾病机制、新的治疗方法等。这种基于大数据的研究方式，推动了医学领域的知识创新和科学进步。

在医疗决策支持方面，大数据应用还加强了医疗信息的共享和交流。不同医疗机构之间的数据互通更加便捷，使得医生能够获得更全面、准确的患者信息。这有助于实现跨医疗机构的协同工作，提升了医疗服务的整体水平。

大数据应用在医疗决策支持中仍然面临一些挑战。医疗数据的隐私和安全问题亟待解决。大量的患者信息被传输和存储在云端，如何确保这些信息的隐私性和安全性是一个亟待解决的问题。医学数据的标准化和整合仍然存在困难，不同医疗机构之间的数据格式和标准不一致，制约了大数据的深度应用。医生对于大数据分析工具的使用培训不足，也制约了大数据在医疗决策中的充分发挥。

医疗决策支持背后的大数据应用为医疗服务带来了巨大变革。通过深度分析患者数据，医生能够更全面、更准确地了解患者的病情，为医疗决策提供科学依据。随着技术和法规的不断完善，医疗决策支持的大数据应用将迎来更广泛和深入的发展，为医学科研、临床决策和患者治疗带来更多的创新和进步。

（二）医疗数据收集与整合

医疗数据收集与整合在大数据应用中扮演着至关重要的角色。医疗领域产生的庞大而多样的数据，包括患者的病历信息、医学影像、实验室检查结果等，为提高医疗服务的效率和质量提供了丰富的信息资源。通过大数据技术，这些分散的医疗数据得以整合，形成全面而多维的患者健康档案，为医生提供更为全面、精准的临床决策支持。

1.医疗数据收集方面的应用

在医疗数据收集方面，随着医疗信息技术的进步，各类医疗设备和信息系统能够实时、自动地产生大量患者相关的数据。电子病历系统记录了患者的病历信息、就诊记录；医学影像设备生成了丰富的医学影像数据；实验室系统提供了患者的生理指标和检验结果；患者使用智能设备、健康监测器等个人设备也为医疗数据的收集提供了新的渠道。

这些数据源的不断丰富和更新，使得医疗数据在数量和多样性上都得到了大幅度提升。这些数据的多源性和异构性也为数据整合带来了一定的挑战。由于数据的标准和格式不一致，医疗数据往往存在着分散、孤立的现象，难以形成统一的、综合的视图。

2.数据整合技术的应用

大数据应用采用了数据整合技术。通过标准化数据格式、建立数据映射关系、采用统一的数据标准，将来自不同源头的医疗数据进行有机整合，使其成为一个完整的、可操作的数据集。

医疗数据整合的核心目标在于构建患者的全面健康档案。这一档案涵盖了患者的全生命周期、全科室的医疗信息，包括但不限于病历信息、医学影像、实验室检查结果、用药历史等。通过整合这些数据，医生能够更全面地了解患者的病情、疾病历史、治疗反应等方面的信息，为制定个性化、精准的治疗方案提供有力支持。患者在就医过程中也能够获得更加连贯和完整的医疗服务，提高整体医疗质量。

在大数据应用中，医疗数据整合不仅仅是为了满足医疗机构的内部需求，也患者健康管理提供了新的手段。通过整合患者的健康数据，医疗机构能够利用大数据分析技术，对患者的健康状况进行更为细致的监测和预测。这种个体化的健康管理模式有助于早期发现患者的潜在风险和疾病趋势，提前采取干预措施，最大程度地保障患者的健康。

在临床决策支持方面，医疗数据整合为医生提供了更全面的信息基础。通过整合患者的多源数据，医生可以更好地了解患者的病情变化、治疗效果和潜在的健康风险。这使得医生在制定治疗方案时更具科学依据，提高了临床决策的准确性和效率。

医疗数据收集与整合的大数据应用也面临一些挑战。医疗数据的隐私和安全问题是一个不可忽视的方面。由于医疗数据涉及患者的个人隐私，必须建立完善的数据隐私保护机制，采用加密、权限控制等手段确保数据的安全性。医疗数据的质量和准确性也是一个关键问题，需要加强对数据采集和录入的监控和质量控制。医疗数据的标准化和互操作性也需要进一步推进，以实现更广泛、深度的数据整合。

医疗数据收集与整合的大数据应用将继续发展创新。随着技术的不断进步，大数据应用将更加智能、高效地处理医疗数据，提供更为个性化、全面的医疗服务。为了更好地实现医疗数据的整合和应用，医疗机构和相关产业链的各方需要共同努力，解决技术、法律、伦理等方面的问题，推动医疗数据整合的可持续发展。

二、大数据在医疗决策支持中的技术与发展

（一）医疗决策支持算法与模型

医疗决策支持算法与模型的大数据应用在当今医疗领域中扮演着至关重要的角色。这一领域的快速发展与大数据技术的日益成熟密不可分。医疗决策支持的算法与模型通过对庞大的医疗数据进行分析和挖掘，为医生提供更全面、

精准的患者信息，从而协助医生制定更科学的诊疗方案。在医疗决策支持算法中，大数据应用的一个关键方面是基于机器学习的算法。机器学习通过对大量的医学数据进行学习和训练，能够从中发现潜在的模式和规律。

在医学影像分析领域，卷积神经网络（CNN）等深度学习算法已经在识别肿瘤、病变等方面取得显著成果。这种算法通过对大量病例的影像数据进行学习，能够帮助医生更迅速、准确地进行疾病诊断。

大数据应用还推动了医疗决策支持模型的不断创新。基于大数据的风险预测模型可以通过分析患者的临床数据、生理参数等信息，评估患者患某疾病的风险。这种模型不仅可以帮助医生在早期发现高风险患者，也为患者提供了更个性化的健康管理建议。

在医疗决策支持算法与模型中，大数据应用的另一个重要方面是数据挖掘技术。通过对大规模医疗数据的挖掘，可以发现患者的生活习惯、病史、治疗反应等信息。这些信息对于制定个性化的治疗方案和提高患者的治疗体验具有重要价值。通过分析患者的就诊历史和药物反应，可以建立预测模型，帮助医生更好地选择适合患者的治疗方案，提高治疗的效果。

大数据应用的医疗决策支持算法与模型也逐渐涉及临床决策的自动化。通过结合大数据技术和人工智能，研发出一些能够自动辅助医生做出决策的系统。这些系统可以基于患者的病历、检查结果等数据，提供实时的决策建议，帮助医生更加迅速和准确地做出治疗决策。

医疗决策支持算法与模型的大数据应用仍然面临一些挑战。医学数据的质量和完整性对于算法的训练和模型的准确性至关重要。不同医疗机构之间的数据格式和标准的不一致，数据的整合和标准化仍然是一个亟待解决的问题。算法的可解释性和可信度是一个重要的考量因素。在医学领域，对于算法的决策过程需要更透明、可解释，以获得医生和患者的信任。

医疗决策支持算法与模型的大数据应用为医疗服务提供了更为强大的工具和方法。通过深度学习、数据挖掘等技术手段，医生能够获得更为准确、全面的患者信息，从而更好地制定治疗方案。要实现医疗决策支持的更广泛和深入应用，仍需解决数据质量、标准化、算法可解释性等方面的问题，以确保医疗决策的科学性和可靠性。

（二）挑战与未来展望

未来医疗决策支持的发展趋势在于更深度、更广泛地应用大数据技术，以进一步提高医疗决策的准确性、个性化和效率。大数据在医疗决策支持方面将更加注重数据的多模态整合。不仅仅局限于临床数据，未来的医疗决策支持系统将整合来自基因组学、生物信息学、社会环境等多个维度的数据，实现全方位的患者信息融合。这将使医生在制定治疗方案时能够更全面地考虑患者的个体差异，提高医疗决策的个性化水平。

未来医疗决策支持将更强调实时性和动态性。通过大数据技术的应用，医生能够获取到患者的实时生理参数、病情变化等数据，实现对患者状态的实时监测。这种实时性的数据支持将使医生在制订治疗计划时更具时效性，能够更快速地应对患者的变化情况，提高医疗决策的效率。

未来医疗决策支持系统将更注重智能化和自动化。随着人工智能技术的不断发展，医疗决策支持系统将更加智能化，能够自动分析大量医学数据，辅助医生进行诊断和制定治疗方案。这种智能化的医疗决策支持系统将成为医生重要的助手，提高医疗服务的水平。

大数据应用将推动医疗决策支持朝着精准医学的方向发展。通过对大量的患者数据进行深度学习和数据挖掘，医疗决策支持系统将能够更准确地识别患者的病理特征、风险因素等，为精准治疗提供更为可靠的支持。这将使得医疗决策更加科学、个性化，更好地满足患者的需求。

未来的医疗决策支持系统还将更加强调跨界融合。不仅在医学领域，大数据应用还将与其他领域如信息技术、工程学等进行深度融合，实现医疗决策支持系统与其他系统的协同工作。这将促进医疗服务的整合，实现医疗资源的优化配置。

未来医疗决策支持的发展趋势是基于大数据技术的更深度、更广泛的应用。通过数据的多模态整合、实时性和动态性的强化、智能化和自动化的提升，医疗决策支持系统将迎来更为科学、高效、个性化的发展，为患者提供更优质的医疗服务。

未来医疗决策支持的发展也将面临一些挑战。数据安全和隐私保护将是一个持续关注的问题。随着医疗数据的不断增多，如何保障患者的隐私和数据安全成为一个亟待解决的问题。医学数据的标准化和互操作性仍然是一个瓶领，不同医疗机构之间的数据格式和标准的不一致阻碍了医疗决策支持系统的整合。

数据的质量和准确性一直是一个亟待解决的问题。由于数据的来源广泛且异构，数据的不一致性和不完整性使得大数据应用难以得到真实而可靠的信息。数据质量问题也牵涉到数据清洗和预处理的挑战，需要采取有效手段提高数据的准确性和可信度。大数据技术的高昂成本也是一个不可忽视的挑战。从硬件设备到软件开发，大数据技术的应用需要巨额投资。尤其是对于中小企业而言，难以负担这一高昂的成本，限制了它们在大数据领域的深度应用。如何在保障技术先进性的同时降低成本，是一个需要解决的重要问题。

大数据技术的复杂性也给人才培养带来了巨大压力。大数据领域需要具备深厚技术功底的数据科学家和工程师，而目前市场上的专业人才却相对短缺。如何培养更多高素质的大数据专业人才，提高从业人员的整体水平，是一个需要长期努力的任务。

在法律和伦理层面，大数据应用也面临许多挑战。随着数据的积累和应用范围的扩大，数据的拥有者和使用者之间的权责关系变得更加复杂。目前，法律体系对于大数据的监管尚处于探索阶段，如何在保障数据合法使用的前提下加强对数据滥用的监管，是一个亟待解决的问题。伦理问题也需要引起足够的重视，包括但不限于数据歧视、算法公正性等方面的问题。

大数据的不断发展还带来了社会结构的变革，这也是一个挑战。大数据的广泛应用可能导致某些领域的信息垄断，从而加剧社会中信息不对称的问题。在一些领域，尤其是政治、经济等敏感领域，大数据的不合理使用可能会对社会造成深远的影响，引发公众的担忧和反感。

大数据应用中的可解释性问题也是一个挑战。由于大数据技术往往采用深度学习等黑盒模型，人们很难理解模型的决策过程。在一些对决策透明度要求较高的领域，如法律、医疗等，这一问题愈加显著。如何在保持模型高效性的同时提高其解释性，是一个需要进一步研究的问题。

大数据应用面临着多方面的挑战，包括数据质量、隐私安全、成本、人才培养、法律伦理、社会结构等方面。解决这些挑战需要政府、企业、学术界和社会各界的共同努力，需要综合运用技术手段、制度建设和法规规范，以促使大数据应用能够更好地为社会和经济的发展提供有益支持。

第八章 大数据在智慧城市建设中的应用

第一节 智慧城市与大数据

一、智慧城市与大数据的基础知识和技术

（一）智慧城市发展与大数据

在数字化时代的大背景下，智慧城市的概念应运而生。智慧城市以信息技术为基础，通过大数据的收集、分析和应用，旨在提升城市管理的效率、改善居民生活质量，实现城市的可持续发展。

大数据作为智慧城市的关键支撑，通过海量数据的整合和挖掘，为城市决策提供了更为全面深入的信息，从而推动了智慧城市建设的不断深化。大数据在智慧城市中发挥了重要的作用。通过感知设备、传感器等技术手段，大数据能够实时采集城市中的交通流量、环境污染、能源消耗等数据，为城市管理者提供实时的城市运行状况。这使得城市决策者能够更迅速地响应突发事件、优化城市资源配置，提高城市的应急响应能力。

大数据在智慧城市中的应用助力城市规划和建设。通过对城市居民行为、社会活动等数据的分析，城市规划者可以更准确地了解城市人口分布、流动趋势等信息，为城市规划提供科学依据。这使得城市的建设更加符合实际需求，提高城市的宜居性和可持续性。

大数据在智慧城市中有助于提升城市服务水平。通过对居民需求、消费行为等数据的分析，城市管理者能够更好地理解居民的生活习惯和需求，从而优化城市服务的提供。这包括公共交通、医疗卫生、教育等各个方面，使得城市

服务更贴近居民的实际生活，提高居民生活的便利性和舒适度。

大数据还在智慧城市中推动了城市治理的智能化。通过对治安事件、城市交通等数据的分析，城市管理者可以更精准地制定城市治理策略，提高城市的治安水平。大数据的应用也使得城市管理更为高效，实现了信息的智能化处理和利用，为城市的长期治理提供了更为科学的方法。

（二）智慧交通与可持续发展

智慧交通是在大数据技术的支持下，通过智能化技术手段对交通系统进行优化和管理的一种新型交通模式。随着城市化进程的加速和交通需求的增长，传统的交通管理方式已经难以满足城市交通的需求。借助大数据应用的智慧交通系统成为实现可持续发展的重要途径。大数据在智慧交通中的应用旨在提高交通运输效率，减少交通拥堵，降低交通事故率，并在可持续发展的框架下优化城市交通系统。

大数据在智慧交通中发挥了关键的作用。通过在道路上部署传感器、摄像头等设备，大数据系统能够实时收集和分析交通流量、车辆速度、道路状态等信息。这使得交通管理者能够更迅速地了解道路状况，及时调整交通信号灯、优化道路流动，从而降低交通拥堵，提高道路通行效率。

大数据在智慧交通中有助于优化交通规划和设计。通过分析历史交通数据、人流数据以及城市规划数据，交通规划者能够更准确地确定交通需求，合理设计道路网络和公共交通线路，以适应城市发展的需求。这有助于避免过度的交通拥堵，减少城市的环境污染。

大数据应用助推智慧交通系统的智能导航。通过对车辆位置、行驶速度等数据的实时监测和分析，交通管理系统能够为驾驶员提供实时的交通信息和最佳路线规划。这不仅能够提高驾驶效率，还能够减少车辆排放，促进城市交通系统的可持续发展。

大数据还在智慧交通中推动了交通安全的提升。通过对交通事故发生地点、时间、原因等数据的分析，交通管理者能够制定更科学的交通安全策略。大数据应用还有助于实现车辆追踪和实时监测，使得交通管理者能够更加精准地应对交通违规和紧急状况，提高城市交通的安全性。

大数据在智慧交通中的应用也面临一些挑战。隐私和安全问题是一个亟待解决的问题。随着大数据技术的广泛应用，交通管理系统收集的车辆和驾驶员信息大量增加，如何确保这些信息的隐私和安全成为一个持续关注的问题。

大数据的应用需要大量的数据存储和处理能力，这对硬件设施和技术支持提出了更高要求。不同交通系统之间的数据标准化和共享也是一个制约因素，限制了大数据在智慧交通中的深度应用。

大数据在智慧交通中的应用将更加广泛和深入。大数据技术将更加注重人工智能的融合，实现智慧交通系统的更高智能化水平。通过引入机器学习和深度学习等技术，交通系统能够更好地适应城市交通的动态变化，提高系统的智能化决策水平。

大数据应用将更强调交通系统的综合优化。不仅仅关注道路交通，大数据技术还将与公共交通、共享交通等多个方面相结合，实现整体交通系统的综合优化。这有助于提升城市交通的整体效率，减少能源消耗和环境污染。

大数据在智慧交通中的应用将更加注重可持续发展。通过对能源消耗、环境污染等数据的监测和分析，交通系统能够更好地评估交通对环境的影响，为城市交通的可持续发展提供科学依据。大数据应用还有助于推动绿色出行理念的普及，促进城市交通的低碳化和环保化。

大数据在智慧交通中的应用为城市交通管理和可持续发展带来了新的机遇。通过实时监测、智能导航、交通规划优化等手段，大数据助力城市交通系统更为高效、智能和可持续的发展。要实现这一目标，仍需解决隐私安全、数据标准化等一系列问题，促使大数据在智慧交通中发挥更大的作用。

二、大数据在城市规划与管理中的应用与发展

（一）大数据在城市规划的作用

城市规划与管理是复杂而庞大的系统工程，而大数据技术的广泛应用为城市规划和管理提供了新的视角和手段。在城市规划中，大数据应用涉及城市发展的多个方面，包括交通、环境、社会、经济等多个层面。通过大数据的应用，城市规划与管理能够更加科学、智能地进行决策，以推动城市的可持续发展。

在城市交通规划中，大数据的应用为优化城市交通流提供了有力支持。通过收集和分析城市的交通数据，包括车流量、道路拥堵情况、公共交通使用率等多方面信息，城市规划者能够更好地了解城市交通系统的运行状况。基于大数据的交通模型可以帮助规划者预测交通拥堵的发生和演变趋势，优化道路规划和公共交通线路，提高城市交通效率。

大数据在城市环境规划中的应用也十分显著。通过传感器网络、卫星遥感等手段，城市环境的各种数据得以实时、精确地收集。这些数据包括空气质量、噪音水平、土壤状况等环境参数。城市规划者可以利用这些数据分析城市环境的质量，制定更加科学的环境规划政策，以促进城市可持续发展。

在社会层面，大数据的应用为城市社会管理提供了更为精细的工具。通过分析社交媒体数据、人口统计数据等，城市管理者能够更好地了解市民的需求和意愿。这有助于制定更为贴近市民实际需求的社会政策，提高政府的治理效能。

大数据还能够用于城市治理中的问题预测和风险分析，帮助城市管理者更好地应对各类社会问题。在城市经济规划中，大数据的应用为城市经济的发展提供了新的动力。通过分析商业数据、消费行为数据等，城市规划者能够更好地了解城市的商业活动和经济发展趋势。这有助于合理规划商业区域、优化商业布局，提高城市的商业吸引力和竞争力。

大数据在城市规划与管理中的应用还体现在城市基础设施的建设和维护上。通过大数据技术，城市规划者能够更好地了解城市基础设施的使用情况，包括供水、供电、交通等方面。这有助于科学规划城市的基础设施建设项目，提高城市基础设施的运行效率和可持续性。

大数据在城市规划与管理中的应用也面临一些挑战。数据隐私和安全问题一直是一个备受关注的问题。在收集和利用大量个人数据的过程中，如何保障个人隐私，防止数据滥用和泄露，是一个亟待解决的问题。

数据的标准化和整合也是一个挑战。由于城市规划与管理涉及众多部门和数据源，如何将这些异构的数据整合为一个完整、可操作的数据集，仍然需要进一步研究和技术支持。

大数据应用还面临技术水平不均衡的问题。在一些发展相对滞后的城市，可能由于技术设备和人才短缺等原因，无法充分发挥大数据技术的优势。如何促进技术水平的平衡发展，是一个需要综合考虑的问题。

大数据在城市规划与管理中的应用为城市的可持续发展提供了前所未有的机遇。通过科学、智能地利用大数据，城市规划者和管理者能够更好地了解城市的运行状态，制定更为科学合理的规划和政策，推动城市向着更加智能、可持续的方向发展。为了充分发挥大数据的潜力，必须克服技术、隐私、标准化等方面的挑战，确保大数据在城市规划与管理中的应用取得更为显著的成果。

（二）智慧城市与大数据应用的发展与挑战

智慧城市与大数据应用的结合在为城市提供更智能、高效服务的同时也面临着一系列的技术挑战。这些挑战涉及数据处理、隐私保护、系统集成等多个方面，对于智慧城市的可持续发展提出了考验。

大数据的处理与存储是智慧城市中的一项关键技术挑战。随着城市中数据源的不断增加，如传感器、监控设备等的广泛应用，大量的实时数据需要被有效地采集、传输、存储和处理。面对海量数据，现有的数据处理技术是否足够高效、稳定成为一个重要问题。如何设计更高效的大数据处理算法和提升数据存储的可扩展性是亟待解决的难题。

智慧城市与大数据应用中涉及的系统集成问题也是一个极具挑战性的技术问题。智慧城市通常由多个子系统组成，包括交通管理、环境监测、能源管理等多个方面，这些子系统之间需要高效地进行数据交互和信息共享。如何实现不同系统之间的协同工作、融合信息，确保整个城市系统的协同运行是一个复杂而关键的技术难题。

随着大数据的广泛应用，智慧城市面临着隐私与安全的挑战。大量的个人和城市数据被采集和存储，而这些数据往往涉及居民的隐私。如何保障这些数据的隐私安全，防止数据泄露和滥用成为急需解决的问题。

建设智慧城市系统需要引入大量的信息通信技术，如何防范网络攻击、确保系统安全也是一个不可忽视的挑战。

在智慧城市建设中，物联网技术的应用是推动智慧城市发展的关键。物联网设备众多，种类繁多，不同厂商的设备通常采用不同的标准和协议。如何实现这些异构设备之间的互联互通，确保设备之间能够无障碍地进行信息交换，是当前物联网技术面临的挑战之一。

智慧城市还需要解决大规模部署和运维的问题。城市规模庞大，如果每个子系统都需要独立部署和管理，将带来极大的复杂性。需要设计出高度可扩展、易于部署和管理的智慧城市系统，以确保系统的可持续运行。

智慧城市的发展也需要面对社会接受度的挑战。尽管大数据技术能够为城市提供更智能、高效的服务，但其涉及的信息采集与应用也可能引发居民的担忧。如何在城市规划和大数据应用中充分考虑公众利益，提高居民对智慧城市的接受度，是智慧城市建设中急需解决的社会问题。

智慧城市与大数据应用的结合带来了巨大的潜力和机遇，同时也面临着一系列严峻的技术挑战。解决这些挑战需要各方共同努力，从技术研究到政策制定，全面推动智慧城市建设，确保城市在大数据时代更加智能、可持续发展。

第二节　大数据在城市规划与交通管理中的应用

一、大数据在城市规划中的应用

（一）城市规划概述

城市规划是指为了实现城市的可持续发展和良好生活质量而进行的系统性、综合性的规划活动。而大数据在城市规划中的应用正日益成为提升城市发展质量和效率的重要手段。

大数据可用于城市发展趋势分析。通过收集和分析大量城市数据，包括人口增长、经济发展、用地利用等方面的数据，可以发现城市发展的趋势和规律，为未来城市规划提供重要参考，以适应城市发展的需求和趋势。

大数据在城市交通规划中的应用也十分重要。通过采集城市交通流量、拥堵情况等数据，并结合交通模型和智能交通系统，可以实现对城市交通的精准监控和管理，优化交通网络布局，提高交通运输效率，减少拥堵和排放。

大数据可用于城市空间规划和土地利用管理。通过收集城市土地利用、土地价格、建筑密度等数据，结合地理信息系统（GIS）技术，可以进行城市空间分析和优化，合理规划土地利用结构，提高土地利用效率，实现城市用地的合理配置和优化布局。

大数据还可以用于城市环境保护和资源管理。通过监测城市环境污染、水资源利用、能源消耗等数据，可以及时发现环境问题和资源浪费现象，制定相应的环境保护和资源管理政策，促进城市可持续发展。

大数据在城市规划中的应用为城市发展提供了更为科学、精准的决策支持。通过充分利用大数据技术和分析方法，可以更好地了解城市现状和发展需求，优化城市规划方案，提高城市发展的质量和效率，实现城市可持续发展目标。

（二）大数据在城市规划中的背景

城市规划与交通管理是现代城市发展中至关重要的两个方面，而大数据在这两个领域的广泛应用为城市提供了更加精确、智能的解决方案。

在城市规划方面，大数据的应用为城市规划者提供了更全面、实时的城市数据。通过对城市居民的行为、社会活动、人口分布等数据进行深度分析，规划者可以更准确地了解城市的发展趋势和需求。大数据的应用使规划者能够更好地评估城市空间利用效率，合理规划城市的发展方向，推动城市规划朝着更为科学、可持续的方向发展。大数据还为城市规划提供了更多元化的参考因素。通过对城市居民生活方式、消费习惯等多维度数据的挖掘，规划者能够更深入地了解城市居民的需求和偏好。这使得城市规划可以更灵活地满足不同群体的需求，打破传统规划中的单一思维模式，更好地服务城市居民。

在交通管理方面，大数据的应用使得交通管理者能够更加精准地监测和优化城市交通流。通过感知设备、卫星导航系统等技术手段，大数据系统可以实时采集交通流量、车速、拥堵情况等信息。这使得交通管理者能够更迅速地做出决策，调整信号灯、优化交叉口布局，降低交通拥堵，提高交通运输效率。大数据在交通管理中的应用还有助于优化公共交通系统。通过对乘客出行习惯、线路热点等数据的分析，交通管理者可以更科学地规划和优化公共交通线路。这有助于提高公共交通服务的质量，使得城市居民更便捷地使用公共交通工具，减轻道路交通压力。大数据的应用也推动了交通管理的智能化。通过对车辆行驶轨迹、道路状态等数据的实时监测和分析，交通管理系统可以为驾驶员提供实时的交通信息和最佳路线规划。这有助于提高驾驶效率，减少车辆排放，促进城市交通系统的可持续发展。

在城市规划与交通管理的交叉领域，大数据的应用也为城市提供了更为综合、系统的解决方案。通过整合城市规划和交通管理的数据，可以更好地评估城市空间布局对交通流的影响，为城市规划提供更多可行性建议。这有助于实现城市规划和交通管理的有机结合，为城市发展提供更全面、科学的支持。

城市规划与交通管理中大数据应用面临一些挑战。数据隐私和安全问题是一个持续关注的难题。随着大数据技术的广泛应用，大量的个人和城市数据被采集和存储，如何确保这些信息的隐私和安全成为一个急需解决的问题。大数据的采集和处理需要相应的硬件设施和技术支持，城市规划者和交通管理者需要在投资和技术人才培养上付出更多努力。

城市规划与交通管理中大数据应用为城市发展提供了前所未有的机遇。通过更全面、实时的数据分析,规划者和管理者能够更科学地指导城市发展和优化交通运输。要克服隐私安全、技术支持等方面的挑战,需要各方通力合作,推动大数据在城市规划与交通管理中的更深度应用。

二、大数据在交通管理中的应用

在现代社会,随着城市化进程的不断推进和交通需求的快速增长,交通管理成为城市运行中至关重要的一环。大数据的应用在交通管理中发挥了重要作用,为提升交通效率、减缓拥堵、提高交通安全性等方面提供了有效手段。

大数据的应用首先体现在交通流量监测与预测上。通过在道路上布设传感器、摄像头等设备,大数据系统能够实时采集、记录车辆流量、速度和行驶轨迹等信息。这些数据的分析和挖掘使交通管理者能够更准确地了解不同时间段、地点的交通状况,从而能够预测未来的交通流量,提前制定相应的交通管理策略。

大数据应用在智能交通信号灯控制上。通过对交叉口的车辆流量数据进行实时监测和分析,大数据系统能够智能地调整信号灯的时间和配时,以优化交叉口的交通流畅度。这样的智能信号控制系统不仅可以降低交叉口的拥堵情况,还能提高道路通行效率,减少交通等待时间。

大数据的应用还体现在交通事故的预防和处理上。通过对历史交通事故数据、交叉口危险点等信息进行分析,交通管理者可以识别出潜在的交通安全隐患,并采取措施加以改善。大数据系统还能够实时监测交通事故的发生情况,提高事故处理的及时性,降低事故对交通系统的影响。

大数据在公共交通管理中的应用也为城市提供了更便捷的出行选择。通过对乘客的出行习惯、线路热点等数据进行分析,大数据系统可以优化公共交通线路和班次,提高公共交通的覆盖范围和服务质量。

(一)交通数据分析与预测

1. 交通数据分析

大数据在交通管理中的应用正日益受到重视,其在改善交通运输效率、优化路网布局、提升交通安全等方面发挥着重要作用。大数据技术能够收集和分析大量的交通数据,包括交通流量、车辆位置、路况信息等。通过分析这些数据,交通管理部门可以及时了解交通状况,预测交通拥堵和事故风险,采取相应的措施来调整交通流动。

大数据技术能够帮助交通管理部门优化路网布局和交通规划。通过分析历史交通数据和城市发展趋势,可以发现交通瓶颈和拥堵点,为道路建设和交通规划提供科学依据。大数据技术还可以模拟交通流动和路网运行情况,评估不同交通方案的效果和影响,为交通管理决策提供参考。

大数据技术还能够提升交通管理的智能化水平。通过人工智能和机器学习算法,可以对交通数据进行深度分析和挖掘,发现交通规律和行为模式,从而精准预测交通拥堵和事故风险,实现交通信号优化、路线推荐等智能化服务。

大数据技术还可以提升交通安全管理的效果。通过分析交通事故数据和驾驶行为数据,可以发现事故的原因和规律,采取针对性的安全措施和教育宣传,增强交通参与者的安全意识和行为规范。

大数据技术还能够支持交通管理部门进行综合监管和应急处置。通过集成多源数据和信息,建立交通管理的综合监控平台,实现对交通状况的实时监测和动态调度。大数据技术还可以帮助交通管理部门在交通事故和紧急情况发生时快速响应,及时采取应急措施,减少事故损失。

大数据在交通管理中的应用为交通运输效率的提升、路网布局的优化、交通安全的保障和智能化管理等方面提供了重要支持和保障。随着大数据技术的不断发展和应用,交通管理将会更加智能化、精准化和高效化。

2. 预测交通状况

大数据在交通管理中的应用为城市交通管理带来了重要改变和提升。大数据可以帮助交通管理部门实时监测和分析交通状况。通过收集和分析交通相关数据,如车流量、路况、交通事故等信息,交通管理部门可以实时了解城市交通状况,及时发现交通拥堵、事故和其他交通问题,从而采取有效措施进行调控和管理。

大数据可以帮助交通管理部门进行交通预测和规划。通过分析历史交通数据和实时交通数据,交通管理部门可以预测未来交通状况和趋势,如高峰时段的交通拥堵情况、重要道路的交通流量等,从而制定合理的交通规划和管理措施,优化交通路网布局和交通信号控制,提高城市交通运行效率。

大数据还可以帮助交通管理部门进行交通安全监控和管理。通过分析交通事故数据和交通违法行为数据，交通管理部门可以了解交通安全状况，及时发现交通违法行为和安全隐患，采取有效措施进行交通安全管理和监控，减少交通事故发生，提高交通安全水平。

大数据还可以帮助交通管理部门进行智能交通管理和服务。通过分析出行需求数据和公共交通数据，交通管理部门可以优化公共交通线路和服务，提供方便、快捷的出行方式。交通管理部门还可以通过大数据技术提供交通信息查询、交通导航和出行建议等智能交通服务，提升城市交通运行效率和用户出行体验。

大数据在交通管理中的应用为城市交通管理带来了重要的改变和提升，包括实时监测和分析交通状况、交通预测和规划、交通安全监控和管理以及智能交通管理和服务等方面。随着大数据技术的不断发展和应用，交通管理部门将能够更好地应对城市交通挑战，提升城市交通运行效率和安全水平。

（二）交通安全管理与应急响应

1.交通安全管理

交通安全管理是保障公众生命财产安全的重要领域，而大数据在交通管理中的应用正在成为改善交通安全的有效途径。

大数据可以用于交通事故预测与分析。通过收集和分析大量历史交通数据，可以发现事故发生的规律和影响因素，进而预测事故发生的可能性和位置。这有助于交通管理部门采取针对性的措施，预防事故的发生，并及时调整交通流量以减少事故的严重程度。

大数据在交通流量监控和调控中起到了关键作用。利用传感器、摄像头等设备采集实时交通数据，结合大数据技术进行分析处理，可以实时监测道路交通情况，预测拥堵和交通事故的发生，从而采取相应的交通管理措施，优化交通流量分配，减少拥堵和事故风险。

大数据还可以用于交通违法行为监管和处罚。通过建立交通违法行为数据库，记录违法行为信息并进行分析，可以发现违法行为的分布规律和高发区域，有针对性地加强监管和执法力度，提高交通违法行为的查处效率和威慑力度。

大数据还可以用于交通安全宣传和教育。通过分析公众的交通行为数据和偏好信息，可以制定针对性的交通安全宣传策略和教育活动，增强公众对交通安全的意识和素养，减少交通事故的发生。

大数据在交通管理中的应用为提高交通安全水平提供了重要支持。通过充分利用大数据技术和分析方法，交通管理部门可以更加全面、精准地了解交通情况，及时采取有效措施，减少交通事故的发生，保障公众的生命财产安全。

2. 应急响应

大数据在交通管理中的应用在应急响应方面发挥着重要作用。在交通事故、自然灾害或其他突发事件发生时，快速而有效的应急响应是保障公共安全和减少损失的关键。大数据技术可以提供实时的交通数据和信息，为交通管理部门提供及时的情报和决策支持，从而加强应急响应的能力。

大数据技术能够实时监测交通状况并提供动态更新的交通信息。通过交通监控设备、车载传感器和移动应用等收集的数据，可以实时监测交通流量、路况和车辆位置等信息，为交通管理部门提供实时的交通情报，以便及时调整交通流动，减少拥堵和事故发生的可能性。

大数据技术可以提供预测和预警功能，帮助交通管理部门提前预判交通事故和交通拥堵等风险。通过分析历史交通数据和气象数据，可以发现事故和拥堵的潜在风险，提前做好准备和应对措施，以减少事故的发生和影响。

大数据技术可以支持交通管理部门进行应急调度和资源调配。通过整合多源数据和信息，建立综合性的交通管理平台，可以实现对交通状况的全面监控和综合分析，帮助交通管理部门快速做出决策和调度，有效利用交通资源和人力物力，提高应急响应的效率和效果。

大数据技术还可以支持交通事故的现场处理和调查。通过交通监控视频、车载摄像头等设备收集的数据，可以重现事故发生时的交通状况和车辆行驶轨迹，为事故调查和责任判定提供重要的证据和依据，保障事故处理的公正和有效。

大数据在交通管理中的应用在应急响应方面发挥着重要作用。通过提供实时监测、预测预警、应急调度和事故调查等功能，大数据技术可以帮助交通管理部门提升应急响应能力，保障公共安全，减少事故损失。随着大数据技术的不断发展和应用，交通管理将会更加智能化、精准化和高效化。

第三节　智能能源与环境监测

一、智能能源与环境监测背景

（一）智能能源与环境监测的概述

1. 智能能源与环境监测的概念

智能能源与环境监测作为现代科技发展的产物，已经成为社会发展的关键领域之一。在这个背景下，大数据技术得到广泛应用，为智能能源和环境监测领域带来了革命性的变化。智能能源的兴起改变了传统的能源生产与消费模式。通过智能化技术，能源生产、储存和分配等环节实现了高度自动化和智能化。大数据技术在智能能源系统中发挥了重要作用，通过对能源生产和消费数据的分析，优化能源分配和利用效率，实现能源系统的高效运行。

2. 大数据在智能能源与环境监测中的应用

（1）大数据在智能能源管理中的应用

在智能能源方面，大数据技术为能源系统的安全性提供了增强手段。通过对历史数据和实时数据的分析，决策者可以更加准确地预测未来的能源需求和环境变化趋势，从而制定更加科学合理的发展和保护策略。通过对系统运行数据的监测和分析，可以及时发现潜在的安全隐患，采取措施防范事故的发生。这对于保障能源系统的可靠性和稳定性具有重要意义。

①智能电网

智能电网是大数据技术在能源领域的一个重要应用方向。通过大数据技术，可以实现对电网设备的实时监测、故障预警和智能调度，提高电网的安全性和稳定性。例如，利用大数据技术可以对电网中的各种数据进行实时监测和分析，及时发现电网中的异常情况，并通过智能算法进行预测和调度，确保电网运行的稳定性和安全性。同时，大数据技术还可以帮助电网企业优化电力资源配置，提高电力利用率，降低能源浪费，推动清洁能源的发展和利用。

②智能能源管理

大数据技术在能源管理中的应用也是非常广泛的。通过大数据技术，可以对能源消耗情况进行实时监测和分析，帮助企业发现能源消耗的规律和问题，制定合理的节能措施和管理策略。例如，利用大数据技术可以对建筑物的能源消耗情况进行监测和分析，发现能源浪费的问题，并通过智能控制系统实现能源的智能管理和节约。同时，大数据技术还可以帮助企业进行能源成本的分析和优化，降低能源成本，提高企业的竞争力。

③智能化石能源开采

在化石能源开采领域，大数据技术也发挥着重要作用。通过大数据技术，可以对石油、天然气等化石能源的勘探、开采和生产过程进行实时监测和分析，提高勘探开采的效率和安全性。例如，利用大数据技术可以对油田的地质结构和油气藏的分布情况进行精准分析，帮助企业制定合理的勘探开采方案，提高勘探的成功率和开采的产量。同时，大数据技术还可以对油田生产过程进行实时监测和调度，确保油田的安全生产和稳定供应。

（2）大数据在环境监测中的应用

环境监测在大数据时代得到了极大拓展。传感器技术的发展使得环境监测系统能够实时、精准地采集大量环境数据，包括空气质量、水质、土壤条件等多方面信息。大数据技术通过对这些数据的分析，能够迅速识别环境异常，帮助决策者及时制定有效的环保措施。大数据技术的应用使得环境监测系统更加灵活和高效。通过云计算等技术手段，环境监测数据可以迅速传输和处理，实现对广大地区的实时监测，为环境管理提供及时、精准的数据支持，帮助人们更好地了解和改善周围环境。

①空气质量监测

大数据技术可以对全球的空气质量数据进行收集、分析和建模，帮助预测和监测大气污染的扩散和变化趋势。通过对空气质量数据的分析，可以及时发布预警信息，为政府和居民提供健康、安全的居住环境。

②水质监测

大数据技术可以实现对水质数据的智能监测和分析。通过对水质参数的实时监控和评估，可以提前预警水质污染的发生，同时也为水质治理提供科学依据和改进方向。

③垃圾分类管理

大数据技术可以通过传感器网络对垃圾桶的使用情况进行实时监测，为垃圾分类管理提供决策支持。通过对垃圾桶的实时数据分析，可以优化垃圾收集的路线和时间，提高垃圾处理的效率和质量。

　　智能能源和环境监测在大数据时代得到了显著发展，大数据技术为其提供了强大的支持。随着技术的不断进步和挑战的不断涌现，我们有信心通过不断的创新和合作，为智能能源和环境监测领域的可持续发展提供更为强大的动力。

（二）大数据在智能能源和环境监测中的应用

1. 大数据在智能能源领域的应用

　　大数据在智能能源领域的应用具有深远的影响。在传统的能源生产与管理中，大数据技术的引入为提高能源利用效率、优化能源生产与消费结构提供了新的途径。大数据在智能能源中的应用旨在通过数据的采集、分析、预测与优化，实现对能源系统的智能化管理和可持续发展。

　　大数据在能源生产中的应用成为提高能源利用效率的关键。通过对能源生产链路的全面监测和分析，大数据技术可以实现对能源生产环节的实时监控，准确掌握能源生产的各项指标。这种实时性的监控有助于及时发现生产中的问题，提高能源生产的稳定性和可靠性，最终提高整个生产过程的能源利用效率。

　　大数据在能源分配与调度中的应用为优化能源系统提供了可能。通过对各种能源数据的采集和整合，大数据技术可以实现对能源的动态分配与调度。这种精细化的调度能够根据实时能源需求和供给情况进行灵活调整，最大程度地减少能源浪费，保障能源的高效利用。

　　大数据在能源消费方面的应用主要表现为对能源消费行为的分析与优化。通过收集和分析用户的能源消费数据，大数据技术可以深入挖掘用户的用能行为模式，为用户提供个性化的能源消费建议。这种个性化服务有助于引导用户形成更加节能环保的生活方式，从而在能源消费层面实现可持续发展。

　　大数据在能源系统的安全监测方面也发挥着不可替代的作用。通过对能源系统中各个环节的数据进行实时监测和分析，大数据技术能够及时发现潜在的风险和安全隐患。这种实时监测有助于提高能源系统的安全性，防范各类事故和灾害，确保能源系统的可靠运行。

　　在能源市场方面，大数据技术也为能源交易提供了新的可能性。通过对市场需求、能源供应和价格等多维度数据的分析，大数据技术可以实现对能源市场的深度洞察。这种洞察有助于制定更为合理的能源价格和交易策略，提高市场的运行效率，促使能源市场更好地满足社会需求。

大数据在智能能源中的应用推动了能源领域的数字化转型。通过建立全面、系统的能源数据平台，实现对各种能源数据的集中管理和共享，大数据技术为能源系统的智能化提供了数据基础。这种数字化转型不仅提高了能源系统的管理效率，还为未来的能源科技创新提供了更多的可能性。大数据在智能能源领域的应用对提高能源利用效率、优化能源生产与消费结构、实现能源系统的智能化管理都起到了积极作用。通过大数据技术的深度融合，能源产业迎来了更为智能、高效、可持续的发展。

2. 大数据在环境监测中的应用

大数据在环境监测中的应用已经成为解决环境问题和提高生态效益的关键工具。环境监测面临的复杂性和庞大的数据量要求采用创新性技术，而大数据技术正是满足这些需求的有效途径。大数据在环境监测中的应用为数据采集提供了高效的手段。通过各类传感器、遥感技术和物联网设备，大量的环境数据被实时采集，包括空气质量、水质状况、土壤特征等多维度信息。

这些数据以快速、持续的方式传输到数据中心，形成庞大的数据集。大数据技术为环境数据的存储和管理提供了高度可扩展性。环境监测涉及海量数据，而大数据技术通过分布式存储系统和云计算平台，能够有效地存储和管理这些数据，确保数据的安全性和可靠性。

大数据在环境监测中的分析应用是其核心价值所在。通过对庞大的环境数据进行深度分析，可以挖掘出隐藏在数据背后的规律和趋势。可以通过大数据分析实时监测气象、水文等变化，及时预警自然灾害的发生。

在空气质量监测方面，大数据分析可以揭示不同区域和季节的空气质量规律，有助于更有针对性地制定环保政策。大数据技术还为环境监测提供了高级的模型和算法支持。通过机器学习、深度学习等技术，可以建立更为准确和精细的环境模型。这有助于实现对复杂自然系统的深入理解，推动环境科学的发展。

在环境监测中，大数据技术还促进了实时监控和反馈。通过即时处理和分析大量的环境数据，监测系统可以迅速发现环境异常，实现对环境状况的实时监控。这为紧急事件的处理提供了及时反馈，有助于迅速采取措施防范环境灾害。

大数据在环境监测中的应用也促进了数据的开放共享。大数据平台的建设使得不同机构和研究团队能够共享环境数据，实现跨区域、跨部门的合作。这有助于形成更为综合、全面的环境监测网络，提高监测系统的整体效能。大数据在环境监测中的应用为我们更好地理解和应对环境变化提供了强大的工具。通过高效的数据采集、存储和分析，大数据技术为环境监测系统的建设和环保决策提供了新的可能性。在不断解决问题的过程中，大数据技术有望更好地服务于环境保护事业，为人类创造更加清洁、健康的生态环境。

二、智能能源与环境监测在大数据中面临的挑战

（一）智能能源在大数据中面临的挑战

1. 数据采集与整合挑战

数据采集与整合是智能能源在大数据中面临的主要挑战之一。智能能源系统涉及多种设备和传感器，从发电设备到电力传输设备，再到能源消耗设备，需要采集和整合大量的数据。然而，这些数据可能来自不同的厂商、不同的协议和不同的格式，导致数据采集和整合的复杂性和困难性。

另一个挑战是数据质量和一致性问题。由于数据来源的多样性和复杂性，智能能源系统中的数据可能存在缺失、不准确或不一致的情况。例如，传感器可能因为故障或误差而产生错误的数据，或者不同厂商的设备可能使用不同的单位或标准，导致数据不一致。确保数据的质量和一致性是智能能源系统中的重要挑战之一。

数据安全和隐私问题也是智能能源在大数据中面临的挑战之一。智能能源系统涉及大量的敏感数据，包括能源消耗数据、用户信息、设备状态等。这些数据可能会被黑客攻击或非法访问，造成严重的安全和隐私问题。确保数据的安全和隐私是智能能源系统中的重要挑战之一。

尽管面临着种种挑战，但智能能源在大数据中仍然具有巨大的发展潜力。随着物联网和传感技术的发展，智能能源系统可以实现对能源设备和消耗设备的实时监测和控制，提高能源利用效率和节能减排效果。大数据技术可以帮助智能能源系统实现对能源市场和能源需求的精准预测和调度，优化能源供应链和能源管理。智能能源系统可以通过与其他领域的数据进行整合和分析，实现跨领域的协同创新和价值共享，推动智慧城市和可持续发展的实现。

尽管智能能源在大数据中面临着诸多挑战，但仍然具有巨大的发展潜力。通过解决数据采集与整合、数据质量与一致性、数据安全与隐私等问题，智能

能源系统可以充分发挥大数据技术的优势，实现对能源的智能化管理和优化，为可持续发展和绿色能源的实现作出积极贡献。

2. 复杂系统优化挑战

复杂系统优化是指对包含多个相互关联、相互作用的组件和因素的系统进行优化和调整，以实现系统整体性能的最优化。智能能源在大数据中的挑战与发展是一个重要课题，因为能源系统涉及多个方面，包括能源生产、传输、储存和利用等环节，其优化需要综合考虑多种因素和复杂的关联关系。

智能能源在大数据中的挑战之一是数据收集和处理的复杂性。能源系统涉及到多种类型的数据，包括能源生产数据、供应链数据、用户需求数据等，这些数据通常分布在不同的平台和系统中，需要进行整合和处理才能发挥价值。如何有效地收集和整合这些数据，以及如何处理和分析这些数据成为智能能源优化的关键挑战之一。

智能能源在大数据中的挑战还包括数据的质量和可靠性问题。能源系统涉及大量的数据采集和传输过程，其中可能存在数据不准确、数据丢失、数据篡改等问题，导致数据的质量和可靠性受到影响。如何保证数据的质量和可靠性，以及如何对数据进行有效的验证和校准成为智能能源优化的重要挑战。

智能能源在大数据中的挑战还包括数据安全和隐私保护问题。能源系统涉及大量的敏感数据和个人隐私数据，如用户用能数据、能源交易数据等，这些数据的泄露和滥用可能对个人和社会造成严重影响。如何确保能源数据的安全性和隐私性，以及如何制定有效的数据安全和隐私保护政策成为智能能源优化的重要挑战。

智能能源在大数据中的发展还面临着技术和人才方面的挑战。能源系统优化涉及多种技术和方法，包括数据分析、机器学习、人工智能等，需要具备相关的技术和专业知识才能进行有效应用和实践。如何培养和吸引具备相关技术和专业知识的人才，以及如何推动智能能源技术的创新和发展成为智能能源优化的重要挑战。

智能能源在大数据中的挑战与发展涉及数据收集和处理的复杂性、数据质量和可靠性问题、数据安全和隐私保护问题，以及技术和人才方面的挑战等多个方面。只有克服这些挑战，才能更好地推动智能能源技术的发展和应用，实现能源系统的优化和可持续发展。

（二）环境监测在大数据中面临的挑战

1. 数据质量与准确性挑战

环境监测在大数据时代面临着数据质量和准确性方面的挑战。这些挑战包括数据来源多样性、数据采集过程中的误差和不确定性、数据处理和分析中的质量控制等问题。

环境监测涉及多个数据来源，包括传感器监测、卫星遥感、人工采集等，数据来源的多样性导致了数据的异构性和不一致性，给数据整合和分析带来了困难，影响了数据的质量和准确性。

数据采集过程中存在着误差和不确定性。例如，传感器监测数据可能受到环境条件、设备故障等因素的影响，导致数据的不准确性和不稳定性；卫星遥感数据可能受到云层遮挡、大气干扰等因素的影响，导致数据的遗漏和失真。这些误差和不确定性会影响到数据的真实性和可靠性，增加了数据处理和分析的难度。

数据处理和分析中的质量控制也是一个挑战。由于环境监测数据量大、复杂性高，常常需要进行数据清洗、去噪、校正等处理，而这些处理过程可能会引入新的误差，影响数据的准确性。需要建立严格的质量控制机制，确保数据处理和分析过程中的准确性和可靠性。

环境监测在大数据时代面临着数据质量和准确性方面的挑战。解决这些挑战需要综合运用数据质量管理、数据清洗和校正、质量控制等方法，提高数据的质量和准确性，为环境监测提供更为可靠和准确的数据支持，为环境保护和管理提供科学依据。

2. 多源数据整合挑战

多源数据整合是环境监测在大数据中面临的主要挑战之一。环境监测涉及多种数据源，包括气象站、水质监测站、空气质量监测站等，这些数据源可能使用不同的传感器、采集设备和数据格式，导致数据的多样性和复杂性，给数据整合带来了挑战。

确保数据质量和一致性是环境监测在大数据中的另一个挑战。由于数据来源的多样性和不确定性，环境监测数据可能存在缺失、不准确或不一致的情况。例如，由于传感器的故障或误差，数据可能产生错误，或者不同监测站的数据可能使用不同的单位或标准，导致数据不一致。

数据安全和隐私问题也是环境监测在大数据中面临的挑战之一。环境监测涉及大量的敏感数据，包括气象数据、水质数据、空气质量数据等。这些数据可能会被黑客攻击或非法访问，造成严重的安全和隐私问题。

尽管面临着种种挑战，但环境监测在大数据中仍然具有巨大的发展潜力。随着物联网和传感技术的发展，环境监测系统可以实现对环境参数的实时监测和控制，提高环境监测的时效性和精度。大数据技术可以帮助环境监测系统实现对环境污染和灾害的预测和预警，提前采取应对措施，保护公共安全和生态环境。环境监测系统可以通过与其他领域的数据进行整合和分析，实现对环境与人类健康、经济发展的关系的深入理解，推动可持续发展和绿色发展的实现。

尽管环境监测在大数据中面临着诸多挑战，但仍然具有巨大的发展潜力。通过解决多源数据整合、数据质量与一致性、数据安全与隐私等问题，环境监测系统可以充分发挥大数据技术的优势，为环境保护和可持续发展作出积极贡献。

第四节　大数据在城市安全与治理中的作用

一、城市安全挑战的背景与需求

（一）城市安全挑战的背景

城市安全面临着多方面的挑战，而这些挑战的背后凸显了对大数据应用的迫切需求。城市化的快速发展使得人口密集区域的安全问题日益凸显。大量人口聚集在城市中，城市交通、公共场所等密集区域的安全问题变得尤为复杂。城市面临着多样化的安全威胁，包括但不限于犯罪、恐怖袭击、火灾、自然灾害等多种形式，对城市安全防范提出了更高要求。城市运行中的复杂系统和基础设施的演化也带来了新的挑战，如城市交通管理、能源供应、环境保护等方面的问题需要得到有效解决。随着社会的不断发展和技术进步，城市安全管理急需更为智能、精准、高效的手段，而大数据应用的崭新解决方案为城市安全领域提供了全新的机遇和可能性。

在城市安全背景下，大数据应用的需求主要体现在以下几个方面。对于实时监测和预警的需求。城市安全问题需要及时有效的监测和预警机制，以便及早发现异常情况并采取相应措施。大数据技术通过实时分析城市各类数据，包括视频监控、传感器数据、社交媒体信息等，能够实现对城市安全事件的实时监测和预警，提高应对突发事件的能力。

（二）城市大数据应用的安全需求

对于智能化的需求。城市安全管理需要更为智能的手段来应对日益复杂的安全威胁。大数据应用通过引入人工智能、机器学习等技术，实现对大规模数据的自动分析和处理，从而提高安全系统的智能化水平。通过智能监控系统能够识别异常行为，自动进行分析判断，并提供相应的应对措施。对于跨部门协同的需求。城市安全问题涉及多个领域，需要各个部门之间的协同合作。大数据应用通过整合各个部门的数据和资源，实现信息的共享和交流，促进不同部门之间的协同工作，提高城市安全整体水平。交通管理、公安、卫生等部门的数据可以集成在一起，形成更为全面的城市安全数据平台。

对于信息化决策的需求也日益增强。城市安全管理需要更加科学、精准的决策支持，以便更好地应对复杂多变的安全局势。大数据应用通过对庞大的城市数据进行深度挖掘和分析，为决策者提供全面、准确的信息支持，有助于制定更科学的城市安全决策。

在城市安全管理的实际应用中，大数据技术得以广泛应用。视频监控系统通过大数据分析可以实现对人流、车流的监测和分析，提高对异常行为的识别能力。智能交通管理系统通过大数据技术可以优化城市交通流，提高交通效率，减少交通事故的发生。社交媒体数据分析可以帮助城市管理者更好地了解市民的动态，及时了解和回应社会事件，提高城市治理的精准性。

城市安全领域的大数据应用仍然面临一些挑战。隐私和安全问题是大数据应用的重要障碍。城市安全数据涉及大量居民的个人信息，如何在充分利用数据的同时保障个人隐私和数据安全，是一个亟待解决的问题。数据的真实性和准确性问题也需要重视。城市安全数据涉及多个数据源，如何确保数据的真实性和准确性，是保证大数据应用有效性的前提条件。跨部门协同和信息共享的机制仍然需要进一步完善。城市安全涉及多个部门，需要各个部门之间建立更加顺畅、高效的信息交流机制，促进协同作战。

城市安全面临的挑战促使了对大数据应用的迫切需求。大数据技术通过实时监测、智能化、跨部门协同和科学决策等方面的应用，为城市安全管理提供了新的解决途径。在解决挑战的过程中，需要不断加强隐私保护、数据准确性和部门协同机制的建设，以推动城市安全领域大数据应用的更好发展。

二、大数据在城市安全监测与预警中的应用

（一）城市安全监测与预警中的应用

城市安全监测与预警是大数据应用的一个重要领域，大数据技术在此方面的应用为城市安全提供了全新的解决方案。城市安全监测与预警旨在通过全面、实时的数据采集、处理和分析，提前识别潜在的安全隐患，从而采取及时有效的措施，确保城市的安全稳定。

1. 大数据技术在城市安全监测中的应用

大数据技术在城市安全监测中的应用主要体现在实时数据的采集和监测。通过部署在城市各个角落的传感器、监控摄像头、气象站等设备，大量的实时数据源源不断地传送到数据中心。这些实时数据包括交通流量、人流密度、空气质量、温度等多个方面的信息。通过大数据技术的高效处理和分析，可以实现对城市各个方面的实时监测，及时捕捉异常情况。大数据技术通过复杂的数据分析算法，实现对城市安全状态的全面评估。通过对实时数据的深入挖掘，大数据技术能够发现不同数据之间的关联性和潜在的安全风险。通过分析交通流量和气象数据，可以预测可能发生的交通拥堵和事故，为交通管理部门提供决策支持。通过分析视频监控数据和人流密度，可以发现异常行为，帮助提前预防和解决潜在的安全问题。

2. 大数据技术在城市安全预警中的应用

大数据技术在城市安全预警中发挥了关键作用。通过建立智能化的预警系统，大数据技术能够快速准确地判断安全事件的可能性和影响范围。通过分析地质数据和气象数据，可以实现对地质灾害的预警。通过分析社交媒体数据和公共事件记录，可以迅速识别潜在的社会动荡因素。这样的预警系统使得城市管理者能够更早地做出反应，采取有针对性的措施，提高城市对各类安全威胁的应对能力。大数据技术在城市安全监测与预警中还为城市规划和资源调配提供了支持。通过对历史数据和实时数据的分析，城市管理者可以更好地了解城市的安全状况和变化趋势，为城市规划和资源调配提供科学依据。通过分析犯

罪数据和人口分布数据，可以为公安部门提供犯罪高发区域，指导巡逻和加强警力部署。通过分析交通流量和事故数据，可以为交通管理部门提供优化交通流的建议，提高城市的交通运输效率。

大数据在城市安全监测与预警中的应用也面临一些挑战。数据隐私和安全问题是一个重要的考量。由于城市安全数据涉及大量居民的个人信息，如何在数据利用的同时保障个人隐私和数据安全是一个亟待解决的问题。城市安全监测数据的多样性和复杂性也增加了数据处理和分析的难度。不同类型的数据来源、数据格式的多样性，需要开发更为复杂和灵活的大数据处理技术。城市安全监测与预警系统的建设需要各个部门之间的协同合作，需要建立更加高效的信息共享机制，以实现全面、跨部门的城市安全管理。

大数据在城市安全监测与预警中的应用为城市安全管理提供了前所未有的手段和可能性。通过实时数据的采集和监测、复杂数据分析算法的运用、智能化的预警系统的建设，大数据技术为城市安全管理注入了新的活力，使得城市能够更加科学、精准地应对各类安全威胁。在应对挑战的过程中，需要不断提升数据隐私保护和数据处理技术水平，促进城市安全监测与预警系统的不断创新和发展。

（二）大数据在城市治理与应急响应中的应用

城市治理与应急响应是当今社会面临的重要课题，而大数据技术的应用为城市在这方面提供了全新的解决方案。在城市治理中，大数据不仅能够提高决策的科学性和效率，还能够为城市的应急响应提供更为灵活、迅速的手段。

1. 大数据在城市治理中的应用

大数据在城市治理中的应用体现在信息收集与整合方面。城市中产生的数据源源不断，包括但不限于人流、车流、气象、社交媒体等多个方面。通过大数据技术，这些分散的数据可以被有效地收集、整合，形成城市全局的数据画像。这为城市决策者提供了更为全面的信息基础，使得他们能够更准确地把握城市的运行状况。

大数据在城市规划和资源管理中具有显著的作用。通过对大数据的分析，城市决策者可以了解到城市不同区域的人口密度、交通状况、用电量等信息。这使得城市规划更加精准，资源的合理配置更具可操作性。大数据还能够帮助城市规划更为智能的交通系统、能源系统等基础设施，提高城市的可持续发展水平。

2. 大数据在应急响应中的应用

在城市治理的实际操作中，大数据在应急响应方面的应用更是不可忽视。通过实时监测城市各种数据，大数据技术可以快速发现异常情况。当发生突发事件时，比如火灾、交通事故、自然灾害等，大数据可以提供实时数据支持，帮助城市应急机构快速了解事件的规模、影响范围，从而迅速制定相应的应急响应方案。大数据在城市治理与应急响应中的应用还表现在社会舆情的监测和管理方面。通过分析社交媒体等平台上的大数据，城市决策者可以了解到市民的意见、情绪和关切点。这为政府制定更贴近民意的政策、及时回应社会热点提供了有力的支持。在紧急情况下，通过对社交媒体上的数据进行监测，城市可以更迅速地了解到市民的需求和紧急求助信息，提高救援的效率。大数据技术还在城市治理中的风险预测和管理方面发挥了关键作用。通过对历史数据和实时数据的深度分析，大数据可以帮助城市预测潜在的安全风险，包括但不限于犯罪、火灾、交通拥堵等。这为城市提前制定相应的治理方案提供了有力支持，降低了治理风险的难度。

大数据在城市治理与应急响应中的应用也面临一些挑战。隐私与安全问题是大数据应用中不可忽视的问题。在收集、整合和分析大量个人信息的过程中，难免涉及到隐私的保护问题。大数据系统的安全性也面临挑战，一旦数据被恶意攻击或泄露，将对城市治理和应急响应造成严重威胁。数据质量和可靠性是大数据应用中的另一个挑战。城市数据的多样性和异构性，以及可能存在的数据错误或不准确性，都可能影响到大数据的分析和应用效果。如何确保数据的质量和可靠性成为大数据应用中的一个重要问题。

大数据在城市治理与应急响应中的应用为城市提供了更为智能、高效的管理手段。通过实时数据监测、智能决策支持，城市能够更好地应对各种挑战和突发事件，提高城市治理水平，为市民创造更安全、便捷的生活环境。随着技术的不断发展和社会对大数据应用的认知提高，相信大数据在城市治理与应急响应领域的应用将不断深化，为城市的可持续发展注入新的活力。

第九章　大数据伦理与社会影响

第一节　大数据伦理问题与挑战

一、大数据伦理问题的出现

（一）大数据伦理问题的背景

大数据伦理问题日益受到公众关注与社会影响。大数据技术的快速发展带来了巨大的数据收集和分析能力，然而，也引发了一系列的伦理问题。

随着个人信息的大规模收集和使用，隐私泄露成为一个严重的问题。个人数据可能被不法分子窃取，也可能被企业滥用，这对个人隐私权造成了严重威胁。

大数据分析可能导致个人数据的歧视性使用。基于大数据分析的算法可能会对不同群体进行歧视性的判定，如在招聘、信用评估等方面造成不公平对待。数据泄露和滥用可能导致个人安全和社会稳定的风险。大规模的数据泄露事件可能导致个人财产损失和社会恐慌，也可能被恶意利用进行网络攻击和信息战。

大数据技术的发展也带来了对个人自由的威胁。大数据分析可能通过预测个人行为来限制个人的自由选择。例如，通过分析个人消费习惯来推送个性化广告，从而影响个人的购买决策。

大数据伦理问题日益受到公众关注与社会影响。随着大数据技术的不断发展和应用，保护个人隐私、避免数据歧视、防范数据泄露和滥用，保障个人自由和社会稳定已成为亟待解决的重要问题。

随着大数据技术的快速发展和广泛应用，大数据伦理问题日益成为人们关注的焦点。大数据伦理问题的背景主要源自以下几个方面。

大数据的收集和使用涉及个人隐私和数据安全的问题。大数据技术可以收集和分析海量的个人数据，包括个人身份信息、健康数据、消费行为等。这些数据涉及个人隐私和敏感信息，如果未经充分授权和合法保护就被滥用或泄露，可能对个人权益和社会稳定造成严重影响。

大数据的分析和应用可能导致数据歧视和个人权益受损的问题。大数据分析技术可以识别和预测个人的行为和特征，从而对个人进行分类和评估，这种分类和评估可能导致个人被歧视或受到不公平待遇，损害个人的权益和尊严。

大数据的使用可能带来信息不对称和社会不平等的问题。大数据技术通常由少数大型科技公司掌握和控制，这些公司可以通过分析和利用大数据获取大量的商业利益和权力，从而导致信息不对称和社会资源分配不公平的问题，加剧社会的不平等现象。

大数据的滥用和误用可能对社会产生严重的负面影响。大数据技术可以被用于个人监控、舆情操纵、社会控制等目的，如果这些技术被不法分子或恶意组织利用，可能对社会秩序和公共安全造成严重威胁，损害社会稳定和民众利益。

大数据伦理问题的背景主要源自个人隐私和数据安全的问题、数据歧视和个人权益受损的问题、信息不对称和社会不平等的问题，以及大数据滥用和误用可能对社会产生的负面影响。为了解决这些问题，需要加强对大数据收集、分析和应用过程的监管和管理，建立健全法律法规和伦理准则，保护个人隐私和数据安全，维护个人权益和社会公平，促进大数据技术的健康发展和社会进步。

（二）大数据隐私权与个体权益的冲突

大数据时代的来临为社会带来了无限的便利和创新，但随之而来的是个体隐私权与权益的严重冲突。隐私权作为个体的基本权益，受到数字化信息时代大数据应用的挑战和威胁。

这场冲突既涉及技术的运用和滥用，也牵涉到社会伦理和法律法规的制定。本书将深入探讨大数据背景下隐私权与个体权益的冲突，并讨论可能的解决途径。大数据应用中的隐私权冲突主要体现在个体信息的采集、存储、处理和传播过程中。大数据的特点在于其能够从庞大的数据集中提取信息，这包括个体的身份、行为、偏好等多方面信息。社交媒体平台通过分析用户的浏览历史、点赞记录等获取用户的个性化信息，从而精准推送广告。而这种个性化推送的背后却可能存在隐私泄露的隐患，因为用户的个人信息被大规模搜集、分析和利用。

大数据技术的发展使得对个体信息的全面监控成为可能。在城市智能化建设中，大数据被广泛应用于监控系统，通过摄像头、传感器等设备对城市中的人群和车辆进行实时监测。这种监测系统可能会涉及个体的日常生活轨迹、行为模式等隐私信息，引发对于监控合理性和隐私权保护的争议。个体在不知情的情况下被纳入大数据的监测体系，其权益可能受到潜在的威胁。

大数据应用中隐私权与个体权益的冲突还表现在商业和政府机构之间的信息交换和共享。商业企业通过大数据分析获取用户画像，提高精准广告投放的效果，但在这一过程中用户的个人信息可能被商业机构不当使用，甚至被泄露。政府机构在处理大数据时，为了提高治理效能，可能需要整合不同部门的数据，但这也可能导致个体信息在不同领域之间的流动，引发信息滥用和权益保护的问题。在大数据时代，隐私权与个体权益的冲突还与社会伦理和法律法规的不健全有关。在一些情况下，个体并未充分了解其个人信息被如何使用，也缺乏有效的控制手段。由于法律法规的滞后，尚未完全建立起一套完善的隐私保护体系，导致在大数据应用中的隐私权纠纷难以得到妥善解决。

解决大数据应用中隐私权与个体权益冲突的问题需要综合考虑技术、法律、伦理等多个层面。技术方面应加强数据加密和安全性保障，采用去标识化技术，降低数据关联风险。加强法律法规的建设，制定更为明确的隐私保护条款，规范大数据应用中个体信息的收集和使用。引入独立第三方机构对数据处理过程进行监督，确保大数据应用中不违背隐私权与个体权益的原则。

在社会伦理方面，需要加强对于大数据伦理标准的制定和推广，提高社会对于隐私权重要性的认识。公众教育可以通过媒体宣传、社会活动等途径，引导人们更理性地对待个人信息的分享和保护。大数据应用中隐私权与个体权益的冲突是当前社会面临的一项严重挑战。解决这一问题需要综合运用技术、法律规范、伦理标准等多方面手段，以保障隐私权与个体权益不受侵犯，确保大数据的发展能够更好地为社会带来利益，保护个体的基本权利。

二、算法和决策的不透明性与公正性

（一）算法和决策的不透明性

在大数据应用中，算法和决策的不透明性成为一个备受关注的伦理问题。随着大数据技术的不断发展，算法在各个领域得到广泛应用，从推荐系统到金融决策，从司法判决到招聘流程，算法和决策模型越来越多地介入人们的生活和社会管理中。这些算法和决策过程的不透明性给公正性带来了挑战。算法的不透明性体现在其内部的复杂性和黑盒性上。许多先进的机器学习算法如深度神经网络等结构非常复杂，使得人们很难理解其内部的决策逻辑和运行机制。

这种黑盒性使得算法的决策变得不可解释，无法为受影响的个体提供清晰的解释或理由。算法和决策的不透明性导致了潜在的偏见和歧视。由于数据集中可能存在潜在的偏见，而算法又通过学习这些数据来做出决策，这使得算法在某些情况下可能强化或放大了原有的社会偏见。在招聘中使用的算法可能会受到历史招聘数据的影响，从而导致对某些群体的不公平对待。算法的决策不透明性还使得社会公正性难以得到保障。

（二）算法和决策的不公正性

在司法系统中，采用算法进行刑事判决可能会面临公正性的问题。由于算法的不透明性，被判决的个体难以理解判决的依据，也无法对判决提出有力的申辩。要解决算法和决策的不透明性问题，需要增强算法的可解释性。这可以通过引入透明且易理解的算法模型、提供可视化工具等方式来实现。使决策的逻辑能够被解释和理解，不仅有助于受影响的个体了解决策的原因，也能够让监管机构和社会大众更好地监督算法的公正性。

需要对算法进行审计和评估。通过建立独立的审计机构或采用第三方评估机构，对算法进行审查，验证其是否符合公正原则。这种外部评估有助于发现算法中的潜在偏见和歧视，并提出改进的建议。要加强对数据质量的监控和治理。在大数据应用中，算法的决策结果很大程度上取决于输入的数据。确保数据集的质量和代表性对于避免偏见和歧视至关重要。通过建立数据质量标准和监控体系，可以提高数据的可信度，减少数据导致的不公平决策。在法律和政策方面，需要建立更为完善的法规体系，规范算法在决策中的使用。这包括对算法透明性的要求、对算法公正性的监管等方面的规定。还需要明确算法决策可能涉及的责任主体，为不公平决策产生的法律责任划定清晰的界限。

解决算法和决策的不透明性和不公正性问题需要从技术、政策和法律等多个层面入手。只有通过全社会的共同努力，才能实现大数据应用中算法决策的透明、公正和可解释性，为社会的可持续发展创造更加公正、平等的环境。

第二节　大数据对社会结构和文化的影响

一、大数据对社会结构的影响

（一）大数据对社会多层面的影响

1. 正面影响

大数据的广泛应用对社会结构产生深刻的影响。这一影响不仅体现在经济和产业结构的变迁上，还在社会关系、权力分布、文化传播等多个层面展现出来。大数据对经济结构的影响不可忽视。在传统的产业体系中，大数据的应用正在推动着生产方式的升级和经济结构的变革。以互联网和电商为代表的新型产业形态崛起，通过大数据技术实现了对市场和用户的精准洞察，从而推动了产业链的优化和升级。

大数据的引入不仅提高了经济运行的效率，也催生了新的商业模式，对传统产业和商业形态产生了颠覆性的影响。大数据对社会关系产生了深刻改变。通过社交媒体、在线社区等平台，个体之间的交流和连接变得更为密切。大数据分析带来的个性化推荐、社交网络分析等技术，使得社会关系更加多元化。

政府和企业通过大数据技术能够更好地管理和掌握社会运行的信息，从而影响决策的制定和执行。

2. 负面影响

这种信息集中和权力的集中，可能会引发社会中权力的不均衡和滥用，需要更加完善的法律和监管机制来规范和约束。文化传播也受到了大数据的深刻影响。大数据技术通过分析用户的浏览历史、偏好等信息，实现了对个体的个性化定制。这种个性化推荐和信息过滤使得人们更容易沉浸在自己熟悉和感兴趣的信息世界中，同时也可能导致信息的封闭性和社会的碎片化。传统的文化传播模式受到了挑战，媒体和文化机构需要更加灵活地应对这种变革。

大数据还对劳动力市场和就业结构带来了影响。随着自动化、人工智能等技术的发展，一些传统的劳动力岗位可能会受到替代，而同时新的职业和岗位也在不断涌现。这种劳动力市场的变化会影响社会的职业结构和收入分配，需要社会制度和政策相应地做出调整。

在社会结构变革的过程中，隐私保护成为一个亟待解决的问题。大数据的广泛应用意味着个体的信息变得更为容易被获取、分析和利用。在这个过程中，个体的隐私权可能受到威胁，需要建立更为健全和严格的隐私保护法规和制度，以保障个体的信息安全和隐私权益。

大数据的应用对社会结构产生了深刻的影响，涉及经济、社会关系、权力结构、文化传播、劳动力市场等多个层面。这一影响既带来了新的机遇和可能性，也带来了一系列的挑战和问题。在这个过程中，社会需要不断地进行制度创新、政策调整，以适应大数据时代的社会发展需求。

（二）大数据对社会互动和人际关系的影响

大数据时代的到来深刻地改变了社会互动和人际关系的面貌。大数据技术的广泛应用使得人们在社会交往、信息传播以及个体行为方面经历了深刻的变革。社交媒体等平台的普及和大数据分析技术的运用促使了人际关系的数字化。

1. 大数据对社会互动的影响

个体通过在线社交平台展示自己的生活、兴趣爱好等信息，而大数据分析则通过算法挖掘这些信息，实现更为精准的用户画像。这使得人们在数字化平台上能够更容易地找到兴趣相投的朋友，推动了社交网络的构建和拓展。大数据分析也带来了社会互动中的信息过滤和个性化推送。社交媒体平台通过分析用户的行为、喜好等大数据，利用推荐算法为用户提供个性化的信息流。这使得用户更容易接触到与自己兴趣相关的内容，但同时也可能导致"信息茧房"效应，使得用户更倾向于接触与自己观点相符的信息，降低了信息的多样性和深度。在社会互动方面，大数据还促使了虚拟社交的兴起。通过在线平台，人们可以进行语音、文字、图像等多维度的交流，而大数据技术则可以通过这些交流数据更好地理解用户需求和行为模式。这拓展了社会互动的维度，使得社交不再受限于地域和时间。

2. 大数据对人际关系的影响

大数据对人际关系的影响引发了一些潜在问题。社交媒体上信息的数字化和传播可能导致信息的虚假性和碎片化，影响人们对社会的真实了解。虚拟社交也可能导致人们在网络世界中建立的社交关系与真实社会关系存在较大差异，这可能对个体的现实社交产生影响。个体数据的大规模收集和分析也引发了隐私保护的担忧。社交媒体平台通过大数据分析获取用户的个性化信息，但这也可能导致个体隐私的泄露和滥用。个人信息的不慎泄露可能对人际关系产生负面影响，破坏了社会互信的基础。

社会互动和人际关系的发展既带来了新的可能性，也伴随着一系列新的问题。在这个过程中，社会需要在技术和伦理的双重考量下，更好地规范大数据的应用，保障个体隐私和社会互动的健康发展。只有在这样的基础上，大数据才能为社会互动和人际关系的深入发展提供更为稳固的支持。

二、大数据对文化传承与创新的影响

（一）大数据对文化传承的影响

1. 文化资源的数字化

数字化和大数据技术的发展对文化传承带来了深远的影响。传统的文化资源在数字化的过程中得以保存、传承和普及，大数据技术则为文化传承提供了更多可能性。

数字化使得文化资源得以永久保存。传统的文化资源往往存在于纸张、磁带等易于损坏和消失的载体上，但数字化可以将其转化为电子形式，不受时间和空间限制，使得文化资源得以长久保存。这意味着后代可以轻松地访问和学习传统文化，从而更好地传承。

大数据技术为文化传承提供了更多的研究和分析手段。通过对大量的文化数据进行分析，人们可以发现文化传承的规律和趋势，进而制定更科学的传承策略。大数据技术可以为文化资源的数字化提供更多的技术支持。例如，通过自然语言处理和图像识别技术，实现对文本、音频和视频等不同形式的文化资源的智能化处理和管理。

数字化和大数据技术还为文化传承带来了更广泛的传播渠道和更丰富的传播形式。传统的文化传承往往受限于地域和载体，但数字化和大数据技术使得文化资源可以通过互联网等全球化平台传播，触达更广泛的受众。数字化还为文化资源的创新和再利用提供了更多可能性。例如，通过数字化技术的组合创作，人们可以将传统文化元素与现代文化相结合，创造出更具有时代特色的作品。

数字化和大数据技术对文化传承的影响是多方面的，它不仅使得传统文化得以永久保存和普及，还为文化传承提供了更多的研究手段和传播渠道，促进了文化的创新和发展。

2. 文化资源的挖掘与利用

文化资源的挖掘与利用是指通过对传统文化遗产和文化资料的收集、整理、保护和传承，实现文化资源的价值挖掘和利用。大数据对文化传承产生了深远影响，主要体现在以下几个方面。

大数据技术为文化资源的保护和管理提供了智能化和精细化手段。通过大数据技术，可以对文化资源进行全面监测和管理，及时发现文化资源的变化和损坏，采取有效措施进行保护和修复，保护文化遗产的完整性和可持续性，促进文化资源的传承和保护。

大数据技术还为文化资源的研究和应用提供了更深入的分析和挖掘。通过大数据技术，可以对文化资源进行深入的数据分析和挖掘，发现其中蕴含的文化内涵和价值，为文化资源的研究和应用提供更多的线索和方向，促进文化资源的传承和创新。

大数据对文化传承产生了深远的影响，主要体现在文化资源的数字化和在线化、传播和推广、保护和管理以及研究和应用等方面。随着大数据技术的不断发展和应用，将会进一步推动文化资源的挖掘和利用，促进文化传承和创新，实现文化资源的可持续发展和传承。

（二）大数据对文化创新的促进

大数据的应用则在促进文化创新方面发挥着重要作用。而新媒体文化的兴起为文化创新提供了更广阔的舞台。随着互联网的普及和数字化技术的发展，人们可以通过网络媒体平台获取到更多丰富多样的文化内容，包括文字、图片、音频、视频等，这为文化创新提供了更多的素材和表现形式。

大数据的应用为文化创新提供了更深入的洞察和分析。通过收集和分析用户在网络平台上的行为数据、偏好数据等，可以了解用户的文化消费习惯和需求，发现用户的文化兴趣和趋势，从而针对性地进行文化创新和内容创作，满足用户的个性化需求。

大数据的应用可以促进文化产业的创新发展。通过分析市场数据、产业数据等，可以发现文化产业的发展趋势和机遇，为文化产业的创新提供重要参考。大数据技术也可以应用于文化创意产业的设计、生产、营销等环节，提高文化产品的质量和影响力。

大数据技术的发展为文化创意的激发和文化创新的促进提供了新的可能性。通过大数据的分析和挖掘，可以发现文化领域的潜在需求和趋势，从而激发创作者的灵感和创意。大数据还可以为文化创新提供更多的数据支持和创作工具，促进文化产业的发展和创新。

大数据分析可以帮助发现文化领域的潜在需求和趋势。通过对大量的文化数据进行分析，可以发现受众的兴趣和偏好以及市场的变化和趋势，从而为创作者提供创作的方向和灵感。例如，通过分析社交媒体上的话题和讨论，可以发现热门话题和流行文化，为创作者提供创作的素材和灵感。大数据还可以为创作者提供创作工具和平台。例如，通过人工智能技术生成文本和图像，帮助创作者进行创作和设计。

大数据技术还可以促进文化产业的发展和创新。通过大数据分析，文化产业可以更好地了解市场和受众，制定更科学的市场营销策略和产品规划，从而推动文化产业的发展和创新。大数据还可以为文化产业提供更多的创新机会。例如，通过数字化技术和虚拟现实技术创造新的文化产品和体验，推动文化产业向数字化和智能化方向发展。

大数据技术对文化创新的促进具有重要意义。通过对大数据的分析和挖掘，可以发现文化领域的潜在需求和趋势，为创作者提供创作的方向和灵感；大数据还可以为文化创新提供更多的数据支持和创作工具，促进文化产业的发展和创新。

第三节 大数据与就业市场

一、大数据对就业市场的变革

（一）大数据对就业市场的影响与趋势

1. 大数据技能需求

大数据技能需求正在迅速增长，对就业市场带来了显著的变革。随着信息时代的到来，各行各业对数据的需求越来越大，因此对掌握大数据技能的人才的需求也在不断增加。大数据技能已经成为当今就业市场中的热门需求之一，其对就业市场的变革是多方面的。

大数据技能的需求正在推动着新的职业兴起。随着大数据技术的发展，出现了许多新的职业岗位，如数据分析师、数据科学家、数据工程师等。这些新兴职业对掌握大数据技能的人才有着较高的需求，为就业市场提供了更多的选择和机会。

大数据技能的需求正在改变着传统行业的就业结构。传统行业如金融、医疗、零售等都开始注重数据的分析和应用，这就需要有大量掌握大数据技能的人才来满足市场需求。传统行业的就业结构正在向数据驱动型转变，这也为掌握大数据技能的人才提供了更广阔的就业空间。

大数据技能的需求也在推动着教育和培训行业的发展。为了满足市场对大数据人才的需求，许多教育机构和培训机构都推出了相关的大数据培训课程和证书项目，为学生和从业者提供了学习和提升的机会，促进了教育和培训行业的发展。

大数据技能的需求还在影响着劳动力市场的供需关系。随着大数据技能的需求持续增加，掌握这些技能的人才往往能够获得更高的薪资和福利待遇，这促使更多的人选择学习和提升大数据技能，从而改变了劳动力市场的供求关系。

2. 就业市场变革

就业市场变革是指随着经济发展和科技进步，就业形势和就业方式发生的深刻变化。大数据对就业市场的变革主要体现在以下几个方面。

大数据技术为就业市场提供了新的机遇和挑战。随着大数据技术的发展，涌现出了大量的新兴行业和职业，如数据分析师、人工智能工程师、区块链开发者等，这些新兴行业和职业为就业市场带来了新的机遇，同时也对人才的要求提出了新的挑战，需要具备相关的技能和知识才能适应新的就业形势。

大数据技术为就业市场带来了新的需求和趋势。随着大数据技术的广泛应用，越来越多的企业和组织开始重视数据分析和数据驱动决策，需要大量的数据分析人才和技术人才来支撑企业的发展和创新，这为就业市场带来了新的需求和趋势，推动了就业市场的变革和升级。

大数据技术为就业市场带来了新的就业模式和工作方式。随着大数据技术的发展，越来越多的企业和组织开始采用灵活就业、远程办公等新的就业模式和工作方式，通过互联网和大数据技术实现员工的远程办公和异地协作，提高了工作效率和灵活性，促进了就业市场的变革和创新。

大数据技术还为就业市场带来了新的挑战和问题。随着大数据技术的发展，人工智能和自动化技术的应用不断扩大，一些传统行业和岗位可能面临淘汰和替代，造成部分劳动力失业和就业压力增加，需要采取有效的政策和措施来应对这些挑战和问题，保障就业市场的稳定和可持续发展。

大数据对就业市场的变革主要体现在新的机遇和挑战、新的需求和趋势、新的就业模式和工作方式以及新的挑战和问题等方面。随着大数据技术的不断发展和应用，将会进一步推动就业市场的变革和创新，促进就业市场的健康发展和人才的全面发展。

（二）大数据对就业市场的挑战与应对策略

1. 技能匹配与转型困难

技能匹配与转型困难是现代就业市场面临的一大挑战。随着大数据技术的不断发展和应用，对就业市场带来了深刻的变革。大数据技术的兴起催生了新的职业需求和就业机会。许多企业和行业开始重视数据分析、数据挖掘、人工智能等方面的技能，这些技能成为市场上的热门需求，吸引了大量求职者的关注。然而，由于大数据领域的技术和知识门槛较高，很多求职者面临着技能匹配与转型困难的挑战。现有的教育体系和培训机构未能及时跟上大数据技术的发展步伐，导致许多求职者缺乏相关技能和知识。很多求职者可能已经有一定的工作经验和技能，但由于与大数据领域的知识背景不匹配，他们很难顺利转型到大数据相关岗位。技能匹配和转型成为许多求职者面临的重要难题，需要政府、企业和个人共同努力，加强教育培训和技术创新，促进人才与市场需求的有效匹配，推动就业市场的持续健康发展。

2. 失业风险与社会保障

失业风险是社会中一直存在的问题，而社会保障则是对此进行应对的重要手段。随着大数据技术的发展，就业市场也面临着前所未有的变革。

大数据的运用让人们能够更好地理解就业市场的动态，从而有效应对失业风险。大数据能够通过分析大规模的就业数据，揭示就业市场的结构和趋势，帮助政府和企业制定更加精准的政策和战略。

大数据还可以为个人提供更加精准的职业规划和就业建议，帮助他们更好地应对失业风险。大数据还能够为失业人员提供更加个性化的再就业服务，提高其就业机会和生活质量。

大数据对就业市场的变革是一场革命性的变革，将为社会保障提供更加有效的手段，帮助人们更好地应对失业风险。

二、大数据对职业技能的需求

（一）大数据技能需求的现状与趋势

1. 行业对大数据技能的需求

各行业对大数据技能的需求日益增长，这反映了大数据技能在现代职场中的重要性。随着数字化时代的来临，企业越来越意识到数据的价值，因此对掌握大数据技能的人才需求日益迫切。

在金融行业，大数据技能的需求尤为突出。银行、投资公司和保险机构等金融机构通过大数据分析来进行风险管理、市场预测和客户分析等工作，这就需要大量的数据科学家和数据分析师来处理和解释海量数据。

在零售和电商领域，大数据技能的需求也非常旺盛。零售商和电商平台通过大数据分析来了解消费者的购买习惯、趋势和偏好，从而进行商品推荐、定价策略和市场营销等工作，因此对掌握大数据技能的人才需求很大。

在制造业和物流领域，大数据技能也变得越来越重要。制造企业通过大数据分析来优化生产流程、提高生产效率和降低成本，而物流企业则通过大数据分析来优化物流路线、提高配送效率和降低运输成本，因此对掌握大数据技能的人才的需求也在不断增加。

在医疗和健康领域，大数据技能也有着广泛的应用。医疗机构通过大数据分析来进行疾病预测、诊断和治疗，而健康科技公司则通过大数据分析来进行健康管理和个性化医疗，因此对掌握大数据技能的医疗专业人才的需求也在不断增加。

各行业对大数据技能的需求都在不断增长，这反映了大数据技能在现代职场中的重要性。掌握大数据技能的人才不仅能够在职场中获得更多的机会和竞争优势，还能够为企业和行业的发展作出更大贡献。

2. 大数据技能发展趋势

大数据技能的发展趋势与大数据对职业技能的需求密切相关。随着大数据技术的不断发展和应用，大数据对职业技能的需求也在不断演变和扩展。

数据科学和分析技能是大数据领域的核心技能之一。数据科学家和数据分析师等职业需要具备数据处理、数据挖掘、数据分析等技能，熟练运用数据分析工具和编程语言，如 Python、R、SQL 等，进行数据清洗、数据建模、数据可视化等工作，为企业和组织提供数据驱动的决策支持。

人工智能和机器学习技能成为大数据领域的热门技能之一。随着人工智能和机器学习技术的广泛应用，机器学习工程师和深度学习工程师等职业需求逐渐增加，需要具备相关的算法和模型知识，熟练运用机器学习框架和工具，如 TensorFlow、PyTorch 等，进行模型训练、优化和部署，实现智能化的数据分析和决策。

大数据技术对软件工程和系统架构等技能提出了更高的要求。随着大数据系统规模的不断扩大和复杂度的增加，需要具备软件工程和系统架构设计等技能，构建高效、可靠、可扩展的大数据系统，保障数据处理和分析的稳定性和效率。

数据安全和隐私保护技能也成为大数据领域的重要技能之一。随着数据泄露和信息安全问题的日益严重，需要具备数据安全和隐私保护知识，设计和实施有效的数据安全策略和控制措施，保护数据的安全性和隐私性，确保数据处理和分析过程的合法合规。

大数据技能的发展趋势主要体现在数据科学和分析技能、人工智能和机器学习技能、软件工程和系统架构技能，以及数据安全和隐私保护技能等方面。随着大数据技术的不断发展和应用，这些技能的需求将会进一步增加和扩展，成为未来职业发展的重要方向和关键能力。

（二）培养和提升大数据技能的途径

1. 教育和培训资源

教育和培训资源对于大数据领域的职业技能需求至关重要。随着大数据技术的迅速发展和广泛应用，对于具备相关技能的人才需求也在不断增长。

教育和培训资源可以为个人提供必要的技能和知识。通过系统的教育培训，人们可以学习到大数据技术的基础知识和相关理论，掌握数据分析、数据挖掘、人工智能等方面的技能，为进入大数据领域打下坚实的基础。

教育和培训资源可以满足企业对人才的需求。随着大数据技术的不断发展，越来越多的企业开始重视数据分析、数据科学等方面的人才，因此需要有大量具备相关技能的专业人才。而教育和培训资源可以为企业提供人才储备，满足其对于人才的需求。

教育和培训资源还可以促进职业技能的更新和提升。随着技术的不断发展和行业的变化，职业技能也需要不断更新和提升，以适应市场的需求。而通过教育和培训资源，人们可以不断学习新知识、掌握新技能，提升自己的竞争力和适应能力。

教育和培训资源对于满足大数据领域的职业技能需求起着至关重要的作用。通过教育和培训，可以为个人提供必要的技能和知识，为企业提供人才储备，同时也可以促进职业技能的更新和提升，推动大数据领域人才队伍的健康发展，为行业的持续发展提供人才保障。

2. 认证和资格考试

认证和资格考试是衡量个人职业技能水平的重要方式。随着大数据技术的不断发展，认证和资格考试也面临着新的挑战与机遇。大数据的运用使得人们更加深入地了解了不同行业的职业技能需求。通过分析大规模的数据，可以发现不同职业领域的技能需求趋势，为个人提供更加精准的职业发展方向。大数据还能够帮助考生更好地了解考试内容和考试重点，提高其通过率和考试成绩。

大数据还可以为考试机构提供更加科学的考试设计和评估方法，确保考试的公平性和准确性。

大数据对认证和资格考试的影响是多方面的，既为个人提供了更好的职业发展机会，也为考试机构提供了更加科学的考试管理手段。

第四节 大数据的未来社会发展趋势

一、大数据驱动的科技创新与产业变革

大数据驱动的科技创新与产业变革成为当今社会发展的主要动力之一。大数据技术的广泛应用催生了一系列科技创新，深刻改变了产业格局，推动了社会经济的转型和升级。

大数据的智能化应用推动了人工智能的科技创新。通过对海量数据的分析，机器学习算法能够不断优化模型，实现更为智能和精准的预测和决策。大数据为人工智能提供了丰富的训练数据，使得人工智能在图像识别、自然语言处理、智能推荐等领域取得了显著进展。

大数据技术促进了物联网的发展。通过连接各种设备和传感器，大数据为物联网提供了数据采集、存储和分析的支持。物联网的发展使得智能城市、智能交通、智能制造等领域得以迅速崛起，实现了设备之间的信息互联互通，推动了产业变革。在制造业方面，大数据为智能制造注入新的活力。通过监测和分析生产过程中的数据，企业可以实现生产过程的优化和效率提升。

大数据技术与工业互联网的结合推动了智能工厂的建设，实现了生产方式的革命性变革，提高了制造业的整体竞争力。大数据在医疗健康领域的应用也带来了巨大的科技创新。通过整合和分析医疗数据，大数据技术能够为医生提供更准确的诊断和治疗方案。个性化医疗、远程医疗等新兴模式的涌现使得医疗服务更为智能和便捷。

在金融领域，大数据推动了金融科技的发展。通过对客户行为和市场数据的分析，大数据为金融机构提供了更为精准的风险评估和信用评级。金融科技的创新如移动支付、在线借贷等也改变了传统金融业务的格局，促使金融行业向数字化和智能化方向发展。

大数据的科技创新还深刻影响了能源领域。通过对能源生产、消耗和分布等方面的数据进行分析，大数据技术为能源管理提供了新的方法和工具。智能电网、可再生能源的智能调度等技术的发展推动了能源领域的绿色转型。

大数据的应用为智能交通和自动驾驶技术的发展提供了支持。通过对交通流、车辆状态等数据的实时监测和分析，大数据为城市交通管理提供了科学的决策依据，提高了交通运输系统的效率和安全性。

大数据科技创新和产业变革也带来了一些挑战。隐私和数据安全问题成为亟待解决的难题。大数据的广泛应用意味着大量个人和企业敏感信息的采集和传输，需要建立更加健全的数据安全体系和法规法律框架。人才短缺问题制约了大数据产业的发展。大数据领域需要跨学科的综合人才，包括数据科学家、工程师、分析师等。培养和吸引这些人才成为大数据产业发展的瓶颈。

大数据技术的科技创新和产业变革正在深刻地改变着各行各业。它不仅为传统行业注入新的活力，也催生了许多新兴产业，推动了社会经济的不断发展和升级。

二、大数据在城市智能化建设中的应用

（一）大数据在城市基础设施建设中的应用

1. 智能交通管理

在城市智能化建设中，大数据技术在智能交通管理领域的应用日益广泛。通过大数据技术，城市可以收集、分析和利用大量的交通数据，实现智能交通管理，提升交通效率和城市运行的整体水平。

大数据技术可以帮助城市实现交通流量的实时监测和预测。通过对各类交通数据的实时采集和分析，城市可以了解道路拥堵情况、交通流量分布以及交通事故等信息，从而实现对交通状况的及时监测和预测，为交通管理部门提供决策支持和应急响应。

大数据技术可以帮助城市实现智能交通信号控制。通过对交通数据的深度分析，城市可以优化交通信号的控制策略，使得信号灯的变化更加智能化和适应实时交通情况，从而减少交通拥堵、提升交通效率，改善城市交通运行环境。

大数据技术可以帮助城市实现智能交通导航和路径规划。通过对历史交通数据和实时交通数据的分析，城市可以为驾驶员和行人提供更加智能化和个性化的导航和路径规划服务，使得出行更加便捷和高效，减少时间和能源浪费。

大数据技术还可以帮助城市实现交通安全管理。通过对交通事故数据和交通违法行为数据的分析，城市可以发现交通安全隐患和问题，及时采取有效的

措施和预防措施，提升交通安全水平，保障市民和车辆的安全出行。

大数据技术在城市智能化建设中的应用对于智能交通管理具有重要意义。通过大数据技术，城市可以实现交通流量的实时监测和预测，优化交通信号控制，实现智能交通导航和路径规划，提升交通安全管理水平，从而促进交通效率的提升和城市运行水平的提高。

2. 智能能源管理

智能能源管理是指利用先进的信息技术和数据分析手段，对能源系统进行智能化管理和优化调控，实现能源资源的高效利用和节约。大数据在城市智能化建设中扮演着重要角色，对于智能能源管理也发挥着关键作用。

大数据在城市智能化建设中的应用为智能能源管理提供了数据支持。通过收集和分析大量的能源数据，如电力消费数据、能源生产数据、环境数据等，可以全面了解城市能源的使用情况和供需状况，为智能能源管理提供数据支持和决策依据。

大数据在城市智能化建设中的应用为智能能源管理提供了智能化技术支持。通过利用大数据技术，可以建立智能能源管理系统，实现对能源系统的实时监测和远程控制，优化能源供应和消费结构，提高能源利用效率和节能减排水平。

大数据在城市智能化建设中的应用为智能能源管理提供了预测和优化支持。通过分析历史能源数据和实时能源数据，可以预测未来能源需求和供应情况，提前制订合理的能源调度和供应计划，优化能源分配和利用结构，提高能源系统的稳定性和可靠性。

大数据在城市智能化建设中的应用还为智能能源管理提供了智能化服务支持。通过大数据技术，可以开发智能能源管理应用，为用户提供能源消费监测、能源节约建议、能源消费分析等智能化服务，提升用户对能源消费的认知和管理水平，促进能源节约和环保意识的增强。

大数据在城市智能化建设中的应用为智能能源管理提供了数据支持、智能化技术支持、预测和优化支持，以及智能化服务支持等方面。随着大数据技术的不断发展和应用，智能能源管理将会更加智能化、高效化和便捷化，为城市能源系统的可持续发展和智能化建设提供重要支持。

（二）大数据在城市公共服务优化中的应用

1. 智慧教育系统

智慧教育系统是指利用信息技术和大数据技术对教育进行全方位、深度化的改革和优化。在城市公共服务优化中，大数据技术的应用为智慧教育系统带来了新的机遇和挑战。

大数据技术可以帮助学校和教育部门更好地了解学生的学习情况和需求。通过收集和分析学生的学习数据、成绩数据、行为数据等，可以发现学生的学习特点和问题，为教育部门提供科学依据，制定个性化的教学方案和教育政策，促进学生全面发展。

大数据技术可以优化教育资源的配置和利用。通过分析教育资源的分布情况、利用率等数据，可以发现资源的短缺和浪费问题，为教育部门提供优化资源配置的建议，提高教育资源的利用效率，满足城市公共服务的需求。

大数据技术可以提升教育管理的效率和水平。通过建立教育管理平台，集成各类教育数据，可以实现教育信息的共享和交换，提高教育管理的透明度和效能。大数据技术还可以帮助教育部门进行教师绩效评估、学校评估等工作，促进教育质量的提升和改进。

大数据技术在城市公共服务优化中的应用为智慧教育系统的建设提供了重要支持。通过充分利用大数据技术，可以实现对教育过程的全面监控和分析，优化教育资源的配置和利用，提升教育管理的效率和水平，推动城市教育的全面发展和进步。

2. 智慧社会服务

智慧社会服务大数据在城市公共服务优化中发挥了重要作用。大数据技术使得城市管理者能够更好地了解市民需求和公共服务状况。通过对大数据的分析，城市可以更加精准地规划和提供公共服务，满足市民多样化需求。例如，通过分析交通数据，城市可以优化交通流量，缓解交通拥堵问题；通过分析医疗数据，城市可以优化医疗资源配置，提高医疗服务水平；通过分析环境数据，城市可以改善环境质量，提升市民生活品质。大数据还能够帮助城市管理者更加及时地发现和解决公共服务中存在的问题，提高服务效率和质量。智慧社会服务大数据的应用为城市公共服务优化提供了新的思路和方法，为城市发展和市民生活带来了积极的影响。

第十章 大数据技术研究前沿与展望

第一节 大数据技术创新与研究趋势

一、大数据技术创新的前沿领域

（一）大数据技术创新在人工智能领域的应用

1. 机器学习与大数据

机器学习与大数据技术的融合已成为创新的前沿领域，它们在多个领域的应用正在不断拓展。其中，医疗健康、智慧城市、金融科技以及环境监测等领域是大数据技术创新的重要方向。

在医疗健康领域，大数据技术和机器学习被广泛应用于疾病诊断、药物研发、个性化治疗等方面。通过分析海量的医疗数据，包括临床数据、基因数据和生物信息数据等，机器学习算法可以发现疾病的规律和趋势，为医生提供更准确的诊断和治疗方案，同时也为药物研发提供更多的线索和方向。

在智慧城市领域，大数据技术和机器学习应用于交通管理、城市规划、能源管理等方面。通过分析城市的各类数据，包括交通数据、人口数据和环境数据等，机器学习算法可以优化城市的交通信号控制、规划合理的城市发展方向，并实现智能化的能源利用和管理，从而提升城市的运行效率和生活质量。

在金融科技领域，大数据技术和机器学习广泛应用于风险管理、信用评估、智能投资等方面。通过分析金融市场的大量数据，包括交易数据、用户行为数据和市场数据等，机器学习算法可以发现金融市场的规律和趋势，为风险管理和信用评估提供更准确的预测和判断，同时也为智能投资提供更多的决策支持。

在环境监测领域，大数据技术和机器学习被应用于气象预测、环境污染监测等方面。通过分析大气、水域和土壤等环境数据，机器学习算法可以实现对自然灾害的预测和预警，帮助人们更好地应对自然灾害的影响，同时也可以监测环境污染的情况，为环境保护和治理提供科学的方案和手段。

机器学习与大数据技术在医疗健康、智慧城市、金融科技以及环境监测等领域的应用正在不断拓展，为创新和发展提供了新的机遇和可能性。随着技术的不断进步和应用的深入，这些领域将会迎来更多的创新和突破。

2. 深度学习与大数据

深度学习与大数据技术创新是当前科技领域的前沿领域之一，它们相互促进、相互融合，推动了人工智能和数据科学的快速发展。

深度学习技术在大数据领域的应用为数据挖掘和分析提供了新的思路和方法。深度学习技术可以通过构建多层次的神经网络模型，实现对复杂数据的自动学习和特征提取，从而实现对大规模数据的高效处理和分析，发现数据中的潜在模式和规律，为数据科学研究和应用提供了新的工具和手段。

大数据技术的创新为深度学习算法提供了更多的数据支持和计算资源。大数据技术可以收集、存储和处理海量的数据，为深度学习算法提供丰富的数据资源，从而加速模型训练和优化过程，提高模型的精度和效率，推动深度学习算法在图像识别、自然语言处理、智能推荐等领域的应用和发展。

深度学习与大数据技术创新的前沿领域还包括多模态数据分析和跨领域融合研究。随着多模态数据的快速增长和跨领域融合需求的不断提升，深度学习和大数据技术被广泛应用于多模态数据分析和跨领域融合研究，如图像与文本的关联分析、传感器数据的融合处理等，为多领域的科学研究和工程应用提供了新的解决方案和方法。

深度学习与大数据技术创新的前沿领域还包括增强学习和自适应优化等方面。增强学习是一种通过试错和反馈的方式，从环境中学习和改进策略的方法，已经被广泛应用于智能系统和自动化控制领域，与大数据技术的结合为增强学习算法的改进和优化提供了新的机会和挑战。自适应优化是一种通过不断调整参数和策略，实现系统自我优化和自我适应的方法，也在大数据技术的支持下得到了广泛应用和研究，为系统性能的提升和智能化改进提供了新的思路和方法。

深度学习与大数据技术创新的前沿领域主要包括数据挖掘和分析、数据资源与计算资源的融合、多模态数据分析和跨领域融合研究、增强学习和自适应优化等方面。随着这些领域的不断发展和应用,将会推动人工智能和数据科学的进一步发展,为社会经济的提升和科技创新的推动带来更多的机遇和挑战。

(二)大数据技术创新在物联网和边缘计算领域的应用

1. 智能感知与大数据

智能感知与大数据是大数据技术创新的前沿领域,其融合应用为各行各业带来了新的机遇和挑战。

智能感知技术通过传感器、物联网等技术手段,实现对环境、设备、物体等的实时监测和感知。这些感知数据涵盖了丰富的信息,包括温度、湿度、光照、位置等多种参数,为大数据技术的应用提供了丰富的数据资源。

大数据技术通过对大量的数据进行采集、存储、处理和分析,发现数据之间的关联和规律,从而提取有价值的信息和知识。大数据技术的创新包括数据存储与管理、数据处理与计算、数据分析与挖掘等方面,为智能感知技术的发展提供了重要支撑。

智能感知与大数据的融合可以应用于多个领域。例如,智能交通系统可以通过感知车辆和行人的实时位置和行为,结合大数据技术进行交通流量预测和拥堵分析,实现交通信号的智能调整和路线优化;智能健康监测系统可以通过感知患者的生理参数和活动状态,结合大数据技术进行健康状况分析和疾病预测,实现个性化的健康管理和预防措施。

智能感知与大数据还可以应用于环境监测、智能制造、智慧城市等领域,为各行各业的发展提供新的动力和可能性。通过不断推动智能感知技术和大数据技术的创新和应用,可以实现数据的高效利用和智能化处理,为社会经济的可持续发展提供重要支撑。

智能感知与大数据是大数据技术创新的前沿领域,其融合应用为各行各业的发展带来了新的机遇和挑战。通过不断推动技术创新和应用,可以实现智能感知与大数据的深度融合,推动社会经济的持续发展和进步。

2. 实时分析与大数据

实时分析与大数据是大数据技术创新的前沿领域之一。随着信息技术的不断发展,数据的产生速度呈现出爆炸性增长的趋势,这对数据分析的实时性提出了更高的要求。

实时分析技术通过实时收集、处理和分析数据，使得用户能够及时获得最新的信息和洞察。这种技术的应用涵盖了各个领域，包括金融、电商、物流等。在金融领域，实时分析技术可以帮助金融机构及时监测市场变化，降低风险。在电商领域，实时分析技术可以帮助企业根据用户实时行为进行个性化推荐，提高销售额。在物流领域，实时分析技术可以帮助企业实时监控货物流动情况，提高物流效率。

大数据技术的创新也在不断推动实时分析技术的发展，包括基于流式数据的处理、实时机器学习算法等。随着物联网、5G等技术的普及，实时分析与大数据技术创新将迎来更广阔的发展空间，为各行各业带来更多的机遇和挑战。

二、大数据技术创新的研究趋势

（一）大数据技术创新的核心技术趋势

1. 分布式数据处理技术

分布式数据处理技术是大数据技术创新的重要方向之一，其研究趋势主要包括数据安全与隐私保护、实时数据处理与分析、边缘计算与物联网融合以及量子计算等方面。

数据安全与隐私保护是分布式数据处理技术研究的重要方向之一。随着数据规模的不断增大，数据泄露和隐私泄露等安全问题日益突出。研究人员正在致力于开发更加安全可靠的分布式数据处理算法和系统，通过加密、权限控制等手段保护数据的安全和隐私。

实时数据处理与分析是分布式数据处理技术研究的另一个重要方向。随着物联网、移动互联网等新兴技术的发展，人们对于实时数据处理和分析的需求越来越迫切。研究人员正在探索实时数据处理和分析的新方法和技术，包括流式处理、复杂事件处理等，以满足实时数据处理和分析的需求。

边缘计算与物联网融合是分布式数据处理技术研究的热点之一。随着物联网设备的不断增多和边缘计算技术的成熟，人们希望能够将数据处理和分析的能力下沉到物联网设备和边缘节点，实现更加智能化和高效率的数据处理和分析。研究人员正在研究边缘计算与物联网融合的新技术和新方法，以实现更加灵活和高效的分布式数据处理。

量子计算也是分布式数据处理技术研究的新兴方向。随着量子计算技术的进步和发展，人们希望能够利用量子计算的优势来解决分布式数据处理中的一些难题，如大规模数据的高效处理、复杂数据模式的识别等。研究人员正在积极探索量子计算在分布式数据处理中的应用，以实现更加高效和强大的数据处理和分析能力。

数据安全与隐私保护、实时数据处理与分析、边缘计算与物联网融合以及量子计算等方面是分布式数据处理技术研究的主要趋势。随着技术的不断进步和应用的不断拓展，这些趋势将会引领分布式数据处理技术的发展方向，推动大数据技术的创新和应用。

2. 增强学习与自适应算法

增强学习与自适应算法是大数据技术创新的研究趋势之一，它们的发展和应用受到了广泛关注。

增强学习是一种通过试错和反馈的方式，从环境中学习和改进策略的方法。随着大数据技术的发展，增强学习在智能系统和自动化控制领域得到了广泛应用，尤其在无人驾驶、机器人控制、游戏智能等方面取得了重要进展。未来的研究趋势将主要集中在增强学习算法的改进和优化，提高算法的效率和稳定性，扩展算法的适用范围和应用场景等，进一步推动增强学习在实际应用中的发展和应用。

自适应算法是一种通过不断调整参数和策略，实现系统自我优化和自我适应的方法。随着大数据技术的支持，自适应算法在智能系统和优化问题中得到了广泛应用，尤其在优化算法和模型参数调优方面发挥了重要作用。未来的研究趋势将主要集中在自适应算法的理论研究和应用创新，发展更加高效和鲁棒的自适应算法，解决复杂系统优化和大规模数据处理等领域的挑战，推动自适应算法在实际应用中的广泛应用和推广。

增强学习与自适应算法的结合是当前研究的热点之一。通过将增强学习算法与自适应算法相结合，可以实现智能系统的自我学习和自我优化，提高系统的智能化和自适应性。未来的研究趋势将主要集中在增强学习与自适应算法的融合研究，探索新的算法和方法，解决复杂问题和挑战，推动智能系统的发展和应用。

增强学习与自适应算法的研究趋势主要包括增强学习算法的改进和优化、自适应算法的理论研究和应用创新以及增强学习与自适应算法的结合研究等方面。随着这些研究的不断深入和应用的不断推广，将会推动人工智能和大数据技术的进一步发展，为社会经济的提升和科技创新的推动带来更多的机遇和挑战。

（二）大数据技术创新的应用领域趋势

1. 行业应用领域

行业应用领域的大数据技术创新研究正在呈现出几个重要趋势。

数据安全与隐私保护是当前大数据技术创新研究的重要方向之一。随着大数据的广泛应用，数据安全和隐私保护问题日益凸显。研究人员正在致力于开发新的数据安全技术和隐私保护方法，包括数据加密、身份识别、权限管理等方面的创新，以确保大数据的安全可控。

人工智能与大数据的融合应用是当前研究的热点之一。人工智能技术如深度学习、机器学习等与大数据技术的结合，可以实现更加智能化的数据分析和应用。研究人员正在探索人工智能与大数据的深度融合，开发新的智能算法和模型，提高数据处理和分析的效率和精度。

边缘计算与大数据的结合也是当前的研究热点之一。边缘计算技术可以实现数据的快速处理和响应，减少数据传输和存储的成本。研究人员正在探索边缘计算与大数据技术的结合，开发新的边缘计算平台和技术，实现数据的实时处理和分析，满足行业应用领域对于实时性和效率的需求。

跨界融合与创新应用也是当前的研究趋势之一。随着各行各业对于大数据技术的需求不断增加，研究人员正在积极探索大数据技术在不同领域的应用，如金融、医疗、物流等。通过跨界融合与创新应用，可以为各行各业提供定制化的解决方案，推动行业的创新和发展。

行业应用领域的大数据技术创新研究正在呈现出多个重要趋势，包括数据安全与隐私保护、人工智能与大数据融合、边缘计算与大数据结合以及跨界融合与创新应用等。这些趋势将为大数据技术在行业应用领域的进一步发展和应用提供重要的指导和支持。

2. 智能化应用趋势

智能化应用是大数据技术创新的研究趋势之一。随着人工智能技术的不断发展，智能化应用已经成为大数据技术的重要方向。智能化应用旨在利用大数据技术实现智能化决策和自动化操作，为用户提供更加智能、便捷的服务和体验。在智能化应用的研究中，大数据技术被广泛应用于数据挖掘、机器学习、自然语言处理等领域。

通过分析大规模的数据，智能化应用可以发现数据之间的关联性和规律性，从而实现智能化推荐、智能化搜索等功能。智能化应用还可以利用大数据技术进行模型训练和优化，实现智能化决策和智能化控制。

随着大数据技术的不断发展和智能化应用需求的不断增长，智能化应用将会呈现出越来越多的创新和发展。智能化应用还将与物联网、边缘计算等新兴技术相结合，推动智能化应用向更广泛领域的拓展，为人们的生活和工作带来更多的便利和可能性。

第二节　边缘计算与大数据

一、边缘计算技术的演进与特点

边缘计算技术的演进与特点体现了科技领域对于信息处理的不断创新和适应不同应用场景的需求。

（一）边缘计算技术的概述

1. 边缘计算技术的概念

边缘计算是一种分布式计算范式，其核心思想是将数据处理从中心化的云端推向离数据源更近的边缘设备。这一技术的演进与特点对于解决大数据应用中的延迟、带宽和隐私等问题具有重要意义。

2. 边缘计算技术的演进

边缘计算技术的演进始于对于传统云计算模式的挑战。云计算虽然在大规模数据存储和计算方面取得了显著成就，但由于数据的传输和处理需要依赖中心化云服务器，导致了延迟较高、网络带宽有限和隐私安全的问题。边缘计算技术应运而生，旨在通过将计算资源移到数据源附近，提高数据的实时处理能力，降低通信延迟，减轻云端服务器的负担。相比于云计算模式中数据需要传输到云端进行处理，边缘计算将计算任务推向离数据产生源头更近的边缘设备，实现了数据在本地即可完成初步处理和分析的特点。这有助于减少数据传输的时间和成本，提高了系统的实时性。

（二）边缘计算技术的特点

1. 分布式架构

边缘计算采用分布式架构，将计算任务分散到边缘设备上，使得多个设备可以同时处理不同的任务，从而提高整体的计算效率。

这种分布式计算模式与大数据场景中的任务并行处理相契合，为大数据应用提供了更为灵活和高效的计算框架。边缘计算技术还强调对于隐私的保护。由于数据在本地处理，边缘计算减少了数据传输到云端的频率，降低了数据泄露和隐私风险。这一特点对于一些对数据隐私要求较高的应用场景，如医疗、金融等，具有重要意义。

2. 智能化

随着技术的不断发展，边缘计算技术逐渐呈现出更多新的特点。其中之一是智能化。通过在边缘设备上集成人工智能模型和算法，边缘计算系统能够实现更为智能的数据分析和决策，从而更好地适应各类复杂应用场景。边缘计算技术还强调对于资源利用的高效性。由于分布在边缘的设备通常具有有限的计算和存储资源，因此边缘计算技术需要在保证性能的前提下，最大程度地优化资源的利用效率。这对于推动边缘计算技术在各类终端设备上的应用至关重要。

在网络通信方面，边缘计算技术通过减少云端数据传输量，有效减轻了网络压力，降低了通信延迟。这对于支持大规模物联网设备、智能交通系统等应用场景至关重要，为实现更为智能、高效的大数据应用提供了支持。

边缘计算技术的演进与特点彰显了大数据领域不断追求更为高效、实时和安全的数据处理和分析方式的努力。通过将计算推向数据源附近，边缘计算为大数据应用提供了更为灵活、智能和适应性强的解决方案，为科技创新和社会发展带来了新的可能性。

二、边缘计算与大数据的融合应用

（一）边缘计算与大数据融合技术

1. 边缘计算与大数据融合架构

边缘计算与大数据融合为现代信息技术领域带来了新的发展机遇与挑战。边缘计算强调数据在接近产生源头的地方进行处理和分析，而大数据则强调通过处理和分析海量的数据来获取有价值的信息。二者的融合应用旨在提高数据处理和分析的效率、降低数据传输和存储成本，并为智能决策和应用提供更加实时和精准的支持。

在物联网应用中，边缘计算与大数据融合能够实现对设备产生的海量数据进行实时处理和分析，提升响应速度和准确性。通过在边缘节点进行数据预处理和筛选，可以减少数据传输到中心服务器的量，降低网络负载和能耗，同时保证了数据的及时性和可用性。

在智慧城市建设中，边缘计算与大数据融合可以实现对城市各类数据的实时处理和分析，为城市管理和服务提供更加精细化和智能化的支持。通过在边缘设备和传感器上进行数据处理和分析，可以更好地监测和管理城市交通、环境、能源等方面的情况，提升城市的运行效率和生活质量。

在工业生产中，边缘计算与大数据融合可以实现对生产过程中的数据进行实时监测和分析，提升生产效率和质量。通过在生产线上部署边缘计算节点和传感器，可以实现对生产过程中的关键数据进行实时采集和处理，及时发现和解决生产过程中的问题，提高生产效率和产品质量。

2. 边缘计算与大数据融合关键技术

边缘计算与大数据的融合应用是当前科技领域的热点之一，它们相互促进、相互融合，共同推动了智能化和数据驱动的应用场景。

边缘计算技术为大数据的处理和分析提供了新的解决方案和方法。边缘计算将数据处理和分析的任务从中心化的云端转移到了网络边缘的设备和节点上，利用边缘节点的计算和存储资源，实现对数据的实时处理和分析，减少数据传输和延迟，提高数据处理和分析的效率和响应速度，为大数据的应用提供了新的可能性和机遇。

大数据技术为边缘计算的智能化和优化提供了数据支持和计算资源。大数据技术可以收集和分析海量的数据，发现数据中的潜在模式和规律，为边缘节点提供智能化的决策和优化支持，优化边缘计算的资源分配和任务调度，提高边缘计算的效率和性能，推动边缘计算的智能化和自适应化发展。

边缘计算与大数据的融合应用还涉及数据安全和隐私保护等关键技术。边缘计算技术将数据处理和分析的任务下放到网络边缘，提高了数据处理和分析的效率和响应速度，但也带来了数据安全和隐私保护的挑战。

（二）工业互联网

工业互联网是指利用互联网、物联网、大数据等技术手段实现工业生产过程的信息化、智能化和网络化。工业互联网的本质就是需要实现泛在互联，在泛在互联的基础上，利用数据流进行分析，进行智能化的生产变革，最终构建新的模式，创造新的业务形式。互联互通是工业互联的基础，其需要将工业系统的各种要素广泛、有效、可靠地连接起来，其包括且不限于是人、机器，还是系统。工业互联解决了通信的基础后，形成工业企业中生产的数据流，同时需要构建不同系统间数据流，在大量的数据流的基础上，进行数据分析与建模。伯特认为，智能化生产、网络化协作、个性化定制、服务化延伸都是基于互联互通，通过数据流和分析，形成新的模式和新的业务形式。与互联网不同的是，工业互联网更加强调数据全连接、数据流的形成与集成、数据模型的分析与建模，而不仅仅是简单通信。因此，工业互联网的本质是数据流和分析。边缘计算与大数据的融合应用在工业互联网领域具有重要意义。

边缘计算与大数据的融合应用可以实现工业设备的智能化和自主化。通过在设备上部署边缘计算节点，可以实现设备数据的实时采集和分析，及时发现设备的故障和异常，预测设备的维护需求，实现设备的远程监控和智能维护，提高设备的可靠性和运行效率。

边缘计算与大数据的融合应用为工业互联网领域带来了新的机遇和挑战。通过实现实时数据处理和分析、设备智能化和自主化等功能，可以提高工业生产的效率和质量，推动工业互联网的发展和应用，为企业的数字化转型提供重要支撑。

第三节　量子计算与大数据分析

一、量子计算的原理与发展

（一）量子计算的原理

1. 量子计算的概念

量子计算是一种基于量子力学原理的计算方式，其基本单位是量子比特。与经典计算的比特不同，量子比特具有叠加态和纠缠态的性质，使得量子计算能够在某些特定情况下展现出比经典计算更为高效的性能。量子计算的原理建立在量子力学的基础上，充分利用了量子叠加和量子纠缠的性质。

2. 量子计算的应用

在经典计算中，比特只能处于 0 或 1 的状态，而量子比特可以同时处于 0 和 1 的叠加态，这使得量子计算可以在某些问题上进行并行计算。当量子比特纠缠在一起时，一个比特的状态改变也会影响到其他纠缠的比特，这种纠缠关系可以用于传递信息和进行计算。量子计算的发展经历了多个阶段。20 世纪 80 年代，物理学家 David Deutsch 首次提出了量子图灵机的概念，奠定了量子计算的理论基础。1994 年，Peter Shor 提出了用于解决大整数因子分解的 Shor 算法，Lov Grover 提出了 Grover 算法，分别显示出量子计算在某些问题上的指数级优越性。此后，量子计算在理论和实验上都取得了一系列突破。

（二）量子计算的发展

随着量子计算技术的不断进步，越来越多的实验平台能够实现较为稳定的量子比特操作。超导量子比特、离子阱量子比特等实现方案逐渐成熟。多个企业和研究机构也投入大量资源进行量子计算硬件和软件的研发，推动了整个领域的迅猛发展。

量子计算对大数据应用有着重要意义。由于量子计算的并行性质，它在解决一些经典计算中非常耗时的问题上具有潜在的优势。量子计算能够在较短时间内破解目前常用的非对称加密算法，对网络安全构成潜在威胁。量子计算还有望在优化问题、模拟量子系统等方面取得突破性进展,为大数据处理提供更为高效的解决方案。

尽管量子计算展现出强大的潜力,目前仍然面临着一系列挑战。量子比特的稳定性、纠缠的保持时间、量子误差纠正等问题是当前研究中的热点难题。大规模的量子计算机的构建也需要解决复杂的工程问题。量子计算的原理基于量子力学的奇特性质。通过充分利用量子比特的叠加态和纠缠态,为某些问题的高效解决提供了可能性。量子计算的发展经历了理论阶段到实验验证的过程,目前正处于不断突破的阶段。尽管仍面临挑战,但量子计算的发展为大数据应用提供了新的思路和可能性。

二、量子计算与大数据分析的结合应用

(一)量子计算基础与原理

量子计算基于量子力学原理,利用量子比特(qubit)的量子叠加和纠缠特性进行计算。相比传统计算机的比特,量子比特可以同时处于多种状态,这使得量子计算机在某些情况下能够执行指数级别的并行计算,从而大大提高计算速度和效率。

量子计算与大数据分析的结合应用是一项潜力巨大的领域。量子计算能够加速大数据分析的过程。通过量子计算的并行计算能力,可以在更短的时间内处理大规模数据集,加快数据分析的速度。量子计算还可以解决一些传统计算机难以解决的复杂问题,如图论问题、优化问题等,这些问题在大数据分析中也是非常常见的。结合量子计算技术,可以为大数据分析提供更多的解决方案和可能性。

量子计算还可以提供更高级别的数据安全保障。量子隐形传态和量子纠缠等特性可以用于加密通信和数据传输,提高数据安全性。

量子计算与大数据分析的结合应用将在未来发展中成为一个重要的研究方向,为大数据分析提供更快速、更高效、更安全的解决方案。

(二)量子计算与大数据分析的融合应用

1. 量子算法在大数据分析中的应用

量子算法在大数据分析中的应用是当前信息技术领域的前沿研究方向之一。量子计算的特性使得其在处理大规模数据时具有巨大的潜力。通过利用量

子计算的并行性和量子叠加态，可以大幅提高大数据分析的效率和速度，从而实现更加快速和精确的数据处理与分析。

量子算法在大数据分析中可以实现对数据的高效搜索和优化。例如，量子搜索算法能够在指数级的速度上加速搜索过程，从而大大提高了在大数据集中查找特定信息的效率。这种高效搜索算法可以应用于大规模数据库的查询和检索，帮助用户快速找到所需的信息。

量子算法在大数据分析中可以实现对数据的高效分类和聚类。量子计算的并行性和量子叠加态可以帮助我们在高维数据空间中快速找到数据的模式和规律，从而实现更加准确和高效的数据分类和聚类。这对于处理复杂的大数据集合，如社交网络数据、基因组数据等具有重要意义。

量子算法可以在大数据分析中实现对数据的高效模拟和优化。量子计算能够模拟量子系统和分子结构的行为，从而为化学反应、材料设计等领域提供更加精确和高效的模拟方法。量子优化算法也可以帮助我们优化复杂系统的参数和结构，从而提高系统的性能和效率。

量子算法与大数据分析的结合应用还可以实现对数据的高效加密和安全性保护。量子计算的量子态特性使得其在密码学领域具有巨大的潜力，可以实现更加安全和可靠的数据加密和解密方法，从而保护大数据的安全和隐私。

量子算法在大数据分析中的应用为数据处理和分析提供了新的思路和方法。通过利用量子计算的特性，可以实现对大规模数据的高效搜索、分类、聚类、模拟、优化以及安全加密等操作，从而提高数据处理和分析的效率和精度，推动大数据分析领域的进一步发展。

2. 量子机器学习

量子机器学习是指利用量子计算和量子信息处理技术进行机器学习和数据分析的方法。量子计算是一种基于量子力学原理的计算模型，具有高度并行和快速计算的特性，可以在处理大规模数据和复杂问题时发挥重要作用。将量子计算与大数据分析结合应用，具有重要的理论意义和实际应用价值。

量子机器学习和大数据分析的结合应用为解决大规模数据和复杂问题提供了新的思路和方法。传统的经典计算模型在处理大规模数据和复杂问题时存在计算量大、耗时长的问题，而量子计算具有并行计算和指数级加速的特性，能够高效处理大规模数据和复杂问题，为机器学习和数据分析提供了新的解决方案和工具。

量子机器学习和大数据分析的结合应用为数据挖掘和模式识别提供了新的途径和方法。量子机器学习算法可以利用量子态的叠加和纠缠特性，实现对数据的高效处理和分析，发现数据中的潜在模式和规律，为数据挖掘和模式识别提供了新的途径和方法，推动了机器学习和数据分析的进一步发展和应用。

量子机器学习和大数据分析的结合应用还为数据安全和隐私保护提供了新的解决方案和技术。量子计算具有不可逆的特性和强大的密码学应用潜力，可以通过量子密钥分发、量子隐形传态等技术实现对数据的安全传输和加密存储，保护数据的安全性和隐私性，为数据安全和隐私保护提供了新的解决方案和技术支持。

量子机器学习和大数据分析的结合应用具有重要的理论意义和实际应用价值，为解决大规模数据和复杂问题、实现数据挖掘和模式识别、保护数据安全和隐私等方面提供了新的思路和方法。随着量子计算和量子信息技术的不断发展和应用，量子机器学习和大数据分析的结合应用将会进一步推动机器学习和数据分析的发展和应用，为科学研究和工程技术的进步带来更多的机遇和挑战。

第四节 大数据在科学研究中的应用与前景

一、大数据在科学研究中的广泛应用

（一）大数据在自然科学研究中的应用

1. 化学领域的大数据应用

化学领域的大数据应用是当前科学研究中的重要趋势之一。大数据技术的引入为化学领域带来了巨大变革和机遇。通过收集、存储和分析大规模的化学数据，可以实现对化学反应、材料设计、药物发现等方面的深入研究，推动化学科学的发展和进步。

大数据在化学领域的应用有助于加速新材料的发现和设计过程。通过收集大量的材料结构和性能数据，可以建立起庞大的材料数据库，并利用机器学习算法对这些数据进行分析和挖掘，从而发现新材料的潜在结构和性能，加速新材料的设计和开发过程。

大数据在化学领域的应用有助于加深对化学反应机理和动力学过程的理解。通过收集和分析大量的化学反应数据，可以揭示化学反应的规律和机制，理解反应的动力学过程，为新反应的设计和优化提供理论基础和实验指导。

大数据还可以在化学生物学领域发挥重要作用。通过收集和分析大量的生物分子数据，如蛋白质结构、基因组序列等，可以揭示生物分子的结构和功能，理解生物学过程的机制，为药物设计和生物医学研究提供重要的信息和支持。

大数据技术还可以在化学安全和环境保护领域发挥作用。通过收集和分析大量的化学品数据和环境监测数据，可以及时发现化学品的危害和环境污染的情况，预测和评估化学品的风险，制定相应的安全措施和环保政策，保障公众的健康和环境的安全。

大数据在化学领域的应用为化学科学的发展和进步提供了新的机遇和挑战。通过收集、存储和分析大规模的化学数据，可以实现对化学反应、材料设计、药物发现等方面的深入研究，加速科学研究的进程，推动化学领域的创新和发展。

2. 生物学中的大数据应用

生物学中的大数据应用是指利用大数据技术和方法处理和分析生物学领域产生的大规模数据，探索生物学的规律和机制，推动生物科学研究的进步和发展。大数据在生物学研究中的应用具有广泛的范围和重要的意义。

大数据在生物学领域的基因组学、转录组学和蛋白质组学等研究中发挥着重要作用。随着高通量测序技术的发展，生物学领域产生了大量基因组数据、转录组数据和蛋白质组数据，为研究生物体的基因组结构、基因表达调控和蛋白质功能提供了丰富的数据资源，推动了生物学研究的深入和扩展。

大数据在生物医学领域的疾病诊断、治疗和预防中发挥着重要作用。通过分析大量的生物标记物数据、临床数据和流行病学数据，可以发现疾病的发生和发展规律，识别潜在的疾病风险因素和预防策略，指导临床诊断和治疗方案的制定，提高疾病诊断的准确性和治疗的有效性，推动生物医学研究和临床实践的进步。

大数据在生物信息学领域的生物信息学分析和生物模拟模型等方面也发挥着重要作用。通过分析大量的生物数据和构建生物模拟模型，可以模拟生物体的生理过程和疾病发展过程，探索生物体的结构和功能特性，研究生物体的发育、进化和环境适应等问题，为生物学的基础研究和应用研究提供了重要的工具和方法。

大数据在生物学研究中的应用涉及基因组学、转录组学、蛋白质组学、生物医学、生物信息学等多个领域，为生物学研究的深入和扩展提供了重要的支持和促进。随着生物学技术和方法的不断发展和应用，大数据在生物学研究中的应用将会进一步扩大和深化，推动生物学研究的进步和发展，为人类健康和生命科学的发展作出更大贡献。

（二）大数据在多领域研究中的应用

1. 经济学中的大数据应用

经济学中的大数据应用和大数据在科学研究中的广泛应用是当今研究领域中备受关注的重要议题。

大数据在经济学中的应用主要体现在数据采集、分析和预测方面。通过收集和分析大量的经济数据，可以发现经济活动的规律和趋势，为政府决策和企业战略提供重要参考。例如，大数据可以用于分析消费者的购买行为和偏好，预测市场需求和趋势，为企业的市场营销和产品定价提供指导；大数据还可以用于分析金融市场的波动和风险，预测股票价格和汇率变动，为投资者的决策提供参考。

在经济学中，预测未来经济走势和识别潜在风险一直是研究的重点。大数据技术的应用使得这一过程变得更加高效和准确。通过对经济指标、金融市场数据、大规模交易数据等的实时监测和分析，经济学家能够更好地了解经济运行状况，预测经济趋势，并识别出潜在的风险点。这种基于大数据的经济预测和风险管理不仅能够为政府制定宏观经济政策提供科学依据，还能帮助企业进行投资决策，降低经营风险。

2. 科学研究领域中的大数据应用

科学研究领域，大数据的应用也是非常广泛的。科学研究领域中的大数据应用正逐渐成为推动知识发现和创新的强大动力。随着技术的不断进步，我们能够收集、存储和分析前所未有的庞大数据集，这些数据集对于揭示复杂系统的内在规律和推动科学研究向前发展至关重要。例如，大数据可以用于分析气候变化的趋势和影响，预测自然灾害的发生和影响，为环境保护和应对气候变化提供科学依据；大数据还可以用于分析生物信息和基因组数据，研究生物多样性和进化规律，推动生命科学的发展和医药研发的进步。

（1）大数据在科学研究中的重要性

①加速发现过程：大数据分析工具和技术可以快速处理和分析大量数据，帮助科学家在较短时间内找到隐藏在数据中的模式和关联，从而加速科学发现的过程。

②揭示复杂关系：科学研究往往涉及多个变量和因素之间的复杂关系。大数据分析能够揭示这些变量之间的非线性、高维和动态的关系，为深入理解科学现象提供新视角。

③提高预测能力：基于大数据的预测模型可以对科学现象进行更准确的预测，为政策制定、风险评估和资源管理提供有力支持。

（2）大数据在科学研究中的应用案例

①生物学和医学研究：通过基因组学、蛋白质组学和代谢组学等大数据集，科学家能够揭示生物体内分子层面的复杂关系，为疾病诊断和治疗提供新策略。例如，癌症基因组图谱计划（TCGA）通过分析数千名癌症患者的基因组数据，为癌症的个性化治疗提供了重要依据。

②气候和地球科学研究：气候模型和地球观测数据等大数据集为理解气候变化、预测自然灾害和评估环境影响提供了重要支撑。例如，利用卫星遥感数据，科学家可以实时监测全球气候变化和极端天气事件的发展情况。

③天文学和宇宙学研究：大数据技术使得科学家能够处理和分析前所未有的海量数据，为科学研究提供了全新的视角和方法。天文观测产生的海量数据使得科学家能够更深入地了解宇宙的起源、结构和演化。例如，通过分析来自星系团、超新星和引力波等天文现象的数据，科学家揭示了宇宙的演化规律和暗物质的存在。

3. 社会学中的大数据应用

大数据技术的出现为社会学研究提供了新的可能性。在社会学中，大数据应用已经成为一种重要的研究方法。大数据的涌现使得社会学家能够利用海量数据进行深入的社会研究。通过分析社交媒体数据、互联网搜索数据、移动通信数据等，社会学家可以更加全面地了解社会现象和人们的行为模式。大数据的应用不仅可以帮助社会学家发现社会规律和趋势，还可以验证已有的社会学理论和假设。

大数据技术可以通过收集和分析大量的、多样化的数据，揭示社会现象的本质和规律。以下是一些大数据技术在社会学中的具体应用：

（1）社交网络分析

社交网络分析是一种利用数学方法、图论和计算机技术来研究社会网络结构和关系的方法。大数据技术可以收集和分析大量的社交网络数据，如微博、Facebook、微信等社交媒体平台上的用户数据、交互数据和文本数据等。通过对这些数据的分析，可以深入了解社交网络的结构、成员之间的交互情况以及信息流动情况，进而揭示社会关系的本质和规律。

（2）情感分析

情感分析是一种利用自然语言处理技术对文本数据进行情感倾向分析的方法。大数据技术可以收集和分析大量的社交媒体数据、新闻数据等文本数据，并对其进行情感分析。通过对文本数据的情感倾向分析，可以了解人们的情感态度、价值观以及社会情绪的变化趋势等，为社会学研究提供新的视角和方法。

（3）群体行为分析

群体行为是社会学研究中的一个重要领域。大数据技术可以收集和分析大量的数据，如社交媒体上的用户数据、移动设备的位置数据等，以揭示群体行为的特征和规律。例如，通过对社交媒体上用户的讨论和互动进行分析，可以了解某个社会事件或现象在群体中的传播和演变过程；通过对移动设备的位置数据进行分析，可以了解人们在不同时间、地点的行为模式等。

二、大数据在科学研究中的未来前景

（一）大数据在科学研究中的技术前沿

1. 新兴数据来源

新兴数据来源是科学研究中的一个重要方向，它们为大数据技术的应用提供了新的数据资源和研究机会。在科学研究的技术前沿，大数据技术的应用正在不断拓展，并涌现出一些新的趋势和方向。

社交媒体数据成为新兴的数据来源之一。随着社交媒体的普及和发展，人们在社交媒体平台上产生了大量的数据，包括文字、图片、视频等多种形式。这些数据包含了丰富的信息和社会现象，可以用于研究人们的行为、情感、趋势等方面，为社会科学和人文学科的研究提供了新的视角和方法。

传感器网络数据成为科学研究的重要数据来源之一。随着物联网技术的发展，各种传感器设备被广泛应用于环境监测、健康监护、智能交通等领域，产生了海量的传感器数据。这些数据可以用于研究环境变化、疾病传播、交通流量等方面，为环境科学、医学和工程学等领域的研究提供了丰富的实验数据和研究对象。

基因组学数据也是新兴的数据来源之一。随着基因测序技术的不断发展和普及，人类和其他生物的基因组数据得到了大规模的积累。这些数据可以用于研究基因与疾病的关系、种群遗传结构、物种进化等方面，为生命科学和医学研究提供了重要的数据支持和理论指导。

遥感数据和卫星数据为科学研究提供了重要的数据来源。通过遥感技术和卫星观测，可以获取地球表面的各种信息，如地形、植被、土壤、气候等数据，为地球科学、环境科学、气象学等领域的研究提供了丰富的数据资源和观测手段。

2. 量子计算与量子信息

量子计算与量子信息是当前科学研究的技术前沿之一，而大数据在科学研究中的应用则是推动科学领域不断发展的重要因素之一。

量子计算和量子信息技术的发展为大数据处理和分析提供了新的解决方案和方法。量子计算利用量子力学的原理进行计算和信息处理，具有并行计算和指数级加速的特性，可以高效处理大规模数据和复杂问题，为大数据处理和分析提供了新的工具和手段，推动了大数据技术在科学研究中的应用和发展。

大数据在科学研究中的应用为量子计算和量子信息技术的发展提供了数据支持和应用场景。科学研究产生了大量的数据，如基因组数据、天文数据、地质数据等，这些数据为量子计算和量子信息技术的应用提供了丰富的数据资源和实际应用场景，促进了量子计算和量子信息技术在科学研究中的应用和发展。

量子计算和量子信息技术与大数据的结合应用为科学研究提供了新的机会和挑战。量子计算和量子信息技术可以利用量子叠加和纠缠特性实现对大规模数据的高效处理和分析，发现数据中的潜在模式和规律，推动科学研究的进一步深入和扩展，但同时也面临着量子计算的硬件实现和量子信息的量子纠错等技术挑战，需要进一步研究和突破。

量子计算与量子信息技术的发展为大数据处理和分析提供了新的解决方案和方法，而大数据在科学研究中的应用则为量子计算和量子信息技术的发展提供了数据支持和应用场景，促进了两者的相互促进和共同发展。随着量子计算和量子信息技术的不断发展和大数据技术的应用推广,将进一步推动科学研究的进步和发展,为人类社会的进步和科技创新作出更大的贡献。

(二)跨学科合作与人才培养

跨学科合作与人才培养对于大数据在科学研究中的技术前沿至关重要。

大数据技术的应用已经深入各个科学领域,包括物理学、生物学、地球科学等。跨学科合作可以促进不同领域的专家和研究人员之间的交流与合作,共同利用大数据技术解决复杂的科学问题。例如,物理学家可以与生物学家合作利用大数据技术分析基因组数据,探索生物多样性和进化规律;地球科学家可以与气候学家合作利用大数据技术分析地球观测数据,研究气候变化的趋势和影响。

跨学科合作对人才培养提出了新的要求。随着大数据技术的发展,需要具备跨学科知识和技能的复合型人才。学校和研究机构需要调整教育和培养方案,培养学生具备跨学科思维和能力,能够在不同领域进行合作与创新。例如,学生可以通过选修跨学科课程、参与科研项目等方式,了解不同领域的知识和技术,培养解决复杂问题的能力和团队合作精神。

大数据在科学研究中的技术前沿也需要不断创新和发展。研究人员需要不断探索新的数据采集、存储、处理和分析技术,提高数据处理和分析的效率和精度。还需要不断改进数据挖掘和机器学习算法,发现数据中的潜在规律和模式。跨学科合作可以为这些技术创新提供更广阔的视野和资源,促进科学研究的进步和发展。

参考文献

[1] 曾晴文,汤波.突发公共卫生事件中大数据技术的应用探讨[J].卫生软科学,2023,37(12):80-84.

[2] 李娉荨.数字化转型环境下大数据技术在会计应用中的路径研究[J].中国集体经济,2023(34):165-168.

[3] 段碧清.化工污水处理大数据技术应用研究[J].科技与创新,2023(23):175-178.

[4] 孙辰.浅谈大数据技术在化工行业环境保护监管中的意义和应用[J].化工安全与环境,2023,36(12):22-25.

[5] 程东明,谢漫彬.大数据技术在高职教学评价中的应用路径[J].湖北开放职业学院学报,2023,36(22):146-148.

[6] 卢尚昆.大数据分析在金融风险评估中的应用研究[N].山西科技报,2023-11-28(A06).

[7] 马卫.数智赋能时代大数据技术在旅游业与酒店业中的应用[J].数字技术与应用,2023,41(11):75-80.

[8] 毛利,叶惠娟,侯怡.农业大数据赋能农业高质量发展的应用研究[J].现代化农业,2023(11):56-58.

[9] 徐朝君.基于大数据技术的信息管理系统建设研究[J].信息系统工程,2023(11):23-26.

[10] 李丽.大数据技术在企业内部审计中的应用措施分析[J].中国中小企业,2023(11):117-119.

[11] 程伟,马成,凌捷.大数据技术在数据安全治理中的应用[J].大数据,2023,9(06):3-14.

[12] 叶友泉.基于大数据技术的电力营销信息化技术应用[J].集成电路应用,2023,40(11):326-328.

[13] 吴琼,穆自强.大数据技术在智能电网中的应用[J].模具制造,2023,23(11):205-207+210.

[14] 刘鹏.大数据技术在医院档案管理中的应用研究[J].兰台世界,2023(11):90-92.

[15] 温娜.应用大数据技术开展企业档案编研工作研究[J].办公室业务,2023(21):135-137.

[16] 李一琳,黄长智.大数据技术应用在我国警务工作中的现状及发展[J].森林公安,2023(05):21-26.

[17] 陈炜.试论大数据技术在治理城市机动车尾气污染中的应用[J].皮革制作与环保科技,2023,4(20):194-196.

[18] 孙召娜,鞠在秋.大数据技术在电视新闻采编中的应用策略[J].新闻文化建设,2023(20):128-130.

[19] 王国辉.大数据技术在电子政务领域的应用[J].数字技术与应用,2023,41(10):70-72.